# 生根发芽

## ——北京东四南历史文化街区责任规划师实践

本书编委会　编著

中国建筑工业出版社

**图书在版编目（CIP）数据**

生根发芽：北京东四南历史文化街区责任规划师实践 /《生根发芽：北京东四南历史文化街区责任规划师实践》编委会编著 .—北京：中国建筑工业出版社，2019.11

　ISBN 978-7-112-24393-8

　Ⅰ.①生… Ⅱ.①生… Ⅲ.①城市规划 — 研究 — 东城区 Ⅳ.① TU984.213

中国版本图书馆 CIP 数据核字（2019）第 245833 号

责任编辑：付　娇　陆新之　兰丽婷
责任校对：芦欣甜
封面设计：帝都绘工作室

生根发芽——北京东四南历史文化街区责任规划师实践
本书编委会　编著
　　　　＊
中国建筑工业出版社出版、发行（北京海淀三里河路9号）
各地新华书店、建筑书店经销
北京点击世代文化传媒有限公司制版
天津图文方嘉印刷有限公司印刷
　　　　＊
开本：787×960毫米　1/16　印张：13　字数：234千字
2020年10月第一版　2020年10月第一次印刷
定价：145.00 元
ISBN 978-7-112-24393-8
　　（34895）

谨以此书，献给热爱城市，并为身边每一点一滴改变，
付出智慧与行动的人们

# 本书编委会

# 序 一

当中国的城市化进入下半程，越来越多的城市规划建设开始从增量扩张转入存量更新，发展理念上更加强调以人民为中心，关注人民群众对美好生活的需求与期待。在这一背景下，城市规划工作的模式也在发生转变。从目标导向的终极蓝图思维转向问题导向的动态实施思维，从自上而下的精英规划转向自下而上的参与式协商式规划，从注重物质建设转向更加关注人的需求与体验。北京市城市规划设计研究院正是在这种新形势与新要求下，基于长期以来扎根地方的规划工作，不断探索规划理念与方法的变革。东四南地区的责任规划师和公众参与实践，正是这种规划变革的一个典型案例。在东四南的规划实践过程中，规划师从办公室走向街道、社区，与基层干部、社区居民广泛交流沟通，与社会组织、专业机构搭建合作的平台。这种更"接地气"的贴身规划服务，一方面让规划师能够深入观察调研，获取直接信息，反馈规划、指导规划；另一方面也培养了年青规划师深入基层、联系群众、协作共商的工作能力，提升了为人民规划的价值观。

存量规划必须同社会治理相结合。党的十九大提出了国家治理体系与治理能力现代化的目标，新版《北京城市总体规划（2016年—2035年）》亦针对超大城市治理，提出要加强公共参与与制度化建设，实现共建共治共享。十九届四中全会则进一步提出要构建基层社会治理新格局，完善群众参与基层社会治理的制度化渠道。所谓基层社会，就是城市的基本单元——街道与社区。它们是城市治理的基础平台，处于城市工作的第一线，是落实党的大政方针和各项决策部署的重要环节，是政府联系群众、服务群众的重要桥梁。如果我们将其看成是构成城市肌体的细胞，那么确保每个细胞都健康，是避免"城市病"的重要前提。当我们用治理思维来看待社区规划与街区更新，会发现仅仅依靠空间规划设计的手段不可能解决全部问题，必须从规划、实践、运营、管理等多维度以及政府、居民、中介组织、在地单位等多层面协同考虑，动员更广泛的社会力量参与其中，让政府的有形之手、市场的无形之手、市民的勤劳之手共同发力。在这个过程中，规划师既是参与者，更是组织者与协调人。在东四南的实践中，北京市城市规划设计研究院的规划师在街道、东四南精华区治理创新平台、史家胡同风貌保护协会、史家胡同博物馆等不同场合发挥着多重作用。

多年的在地实践，培养出一个充满探索精神、敢于创新跨界的团队，建立了一个汇集了热心居民、在地企业及众多社团组织等的资源平台和工作平台，推动成立了国内首家从城市更新视角推动社会创新治理的专项基金——中社社区培育基金。北京市城市规划设计研究院与同样具有探索精神的北京工业大学建筑与城市规划学院、朝阳门街道签署了三方合作协议，致力于在东四南建立一个实验基地，开展规划实践、教学实践、治理实践。这期间，众多规划设计单位、高校也纷纷在各区开展了多种类型的试点实践，取得了丰硕的成果。共同的努力也孕育、催生了北京市责任规划师制度，北京市城市规划设计研究院还发起成立了北京城市规划学会街区治理与责任规划师工作委员会。

一个好的价值理念和工作模式的形成与传播，需要全社会的不懈努力。希望东四南的探索实践能够给广大读者和业界同行带来一定的启发，带动更多的有识之士从不同的领域和角度为城市建设发展作出贡献。

北京市规划和自然资源委员会副主任

## 序　二

　　写这篇序言，时在新中国成立 70 周年，我们正站在"两个一百年"奋斗目标历史交汇点上，"不忘初心、牢记使命"主题教育正深入开展，十九届四中全会更是聚焦了治理体系和治理能力现代化这一重大主题。

　　这样一本书，能在这样的背景下出版，正逢其时。因为有这样一群人，正是本着治理的初心，牢记着保护和发展的使命，做了坚持不懈的努力。

　　这些努力，生发在东四南文保区，绽放于朝阳门街道——北京一片古老而普通的胡同街区。所谓"街道"，除了地理含义，还代表着一种治理的基本层级，也就是传统所说的街面儿、地方、地面儿。曾经，在传统的坊巷制下，它是一个相对封闭的街区。在今天，它则注定要成为一个开放的、凝聚资源与活力的空间。这种变迁一直在探索中持续。这本书，正是对这一变迁的宝贵记录，正是对这种探索的生动注解。

　　在东四南和朝阳门，我们形成了街道、北京市城市规划设计研究院、北京工业大学三方的战略合作，并逐步孵化出史家胡同博物馆、文创社、朝阳门文化生活馆、礼士传习馆、朝西工坊等特色人文空间，形成了扎根社区的第三方文化机构联合体，并依托每年一次的国际设计周分会场，做了阶段性的展示交流，同步搭建了三个不同层次和类型的平台——史家胡同风貌保护协会、责任规划师平台和东四南文化精华区治理创新平台，在东四南乃至朝阳门地区，形成了良性循环、统筹保障的架构。

　　如今，这一东四南街区治理模式还在不断完善中。我们没有急功近利的考量，只有久久为功的持守。一切的努力，都是为了人民的安乐，生活的美好，和我们这片热土的发展。

这不是虚空的口号，这是最为诚挚的使命的召唤。

是为序。

朝阳门街道工委副书记、办事处主任

董凌霄

记得是在二十多年前，我在国家图书馆查阅资料，读到陈占祥先生 1981 年发表在《建筑学报》的一篇文章，题为《建筑师历史地位的演变》，深受触动。

"建筑已经变成一项为社会服务的艺术和技术。"陈占祥先生写道，"建筑师再也不能高居艺术鉴赏的仲裁地位，他必须到群众中去，与群众结合，当群众的环境设计代理人。这并不降低建筑师的重要性，恰恰相反，更增加了建筑师的责任，更能够发扬他的创造性。"

陈占祥先生接着讲述了一个故事：英国政府在 20 世纪 70 年代颁布了一项立法，以期动员市民改造城市环境。在密特尔萨克斯，有位刚刚离开校门的青年建筑师劳特·杰克南，因为生活并不富裕，在贫民窟买了一个连卫生设备都没有的小房子，他向政府申请添加卫生间的许可，却遭到拒绝，因为这一片已被划入了拆迁区。

杰克南了解到，周围 33 户居民的生活将因此受到影响，就把大家组织起来，利用现行《环境法》的相关规定，由自己充当居民代理人，共同协商每家每户的室内外改善计划，量力而行，提出了大家认可的设计方案，包括除了必要的户外用房外，后院连成一片加以绿化，成为公共用地；每家的门按各自爱好加以装饰，但材料、色调予以统一。大家精打细算，自组织劳动，引用《环境法》的相关规定，申请到一万英镑的政府资助，完成了自我改造，使整个街区的环境质量得到大大提高，这个昔日的贫民窟成为了英国老街区复兴的样板。

读到这则故事，我就想：什么时候北京乃至中国能够出现像杰克南这样的建筑师呢？自 20 世纪 50 年代以来，北京老城的街区经历了规模空前的衰败过程。由于计划经济时期住房制度的改变，房屋交易停滞，住房供给短缺，昔日敞亮的四合院挤入大量住户，私搭乱建蔓延。公共财政的匮乏、低廉的房屋租金，使房管部门无力保障房屋的质量，房危屋破成为一大社会问题。20世纪90年代之后，北京市不断提出大规模危旧房改造计划，具有珍贵价值的四合院民居被成片成片拆除，北京历史文化名城遭受巨大损失。

那时，我在新华社从事记者工作，胡同里的老百姓三天两头来找我，因为拆迁，他们遇到各种各样的困难，面对各种各样的矛盾。想想也是，老城区的社会生活经历了数百年的积累，过去的房屋质量靠居民和市场的力量完全能够自我维持，并不需要大规模财政投入，房屋长期失养，是特殊历史时期政策的缺失导致的，由此出现的问题不可能简单地凭着推土机就能够一推了之。把胡同推平了，胡同里的生活就消失了，这必然会给许多人带来痛苦。

所以，一有机会，我就呼吁应该建立这样一个机制，就是要让居民们参与到社区的营造中来，因为把自己的家修得漂漂亮亮的，自古以来就是中国的一个伟大传统，"七分主人三分匠人"，主人不能缺位啊！如果大家认识到居民参与的价值，还有像杰克南那样的建筑师，组织居民大胆实践，给大家做一个示范，情况就可能发生改变。

2009年，在北京世纪坛博物馆举办的一个学术会议上，我终于遇到了一位在北京本土工作的杰克南式的建筑师，不，准确地说，她是一位规划师，她给大家讲述了正在北京的胡同里发生的一个个由她与同事们共同参与的社区营造的故事！

印象极为深刻的是，在交道口菊儿胡同社区，居民们被组织起来，规划师们逐一征求意见，请他们倾诉对居住环境的各种不满及希望改善的方方面面。之后规划师们选择了居民反映最多的社区公共活动用房，联合街道和居民一起找问题、做设计、盯施工，将一个阴暗潮湿的地下室改造为一个明亮温馨的图书室、活动厅。

全过程的公众参与模式和成效受到了街道与居民的认可与赞赏。

"实践证明，只要我们的工作到位，相应的政策到位，居民真正参与进来，老街区的衰败是有办法解决的！"这位规划师说，"那么，我们还有什么理由把如此宝贵的胡同、四合院都给拆掉呢？！"

这位规划师也是本书的作者之一，经她介绍，我知道北京市城市规划设计研究院建立了深入到基层片区的责任规划师制度，工作已经有声有色地开展起来。责任规划师的根本任务，就是要切实落实公众参与原则，推进公众参与的法制化和制度化，让公众通过法定的程序和渠道有效地参与规划实施的决策和监督。这已是北京城市总体规划提出的要求。

要把这样的工作抓到实处，谈何容易！因为一到基层，面对的都是家长里短、各式各样具体而复杂的问题，千条线都要穿你这一根针，里里外外都得妥帖，真是需要高超的工作艺术！

但是，最需要的是一颗火热的心！最近，读《墨子》，读到这样一则故事：

子墨子自鲁即齐，过故人，谓子墨子曰："今天下莫为义，子独自苦而为义，子不若已。"子墨子曰："今有人于此，有子十人，一人耕而九人处，则耕者不可以不益急矣。何故？则食者众而耕者寡也。今天下莫为义，则子如劝我者也，何故止我？"

说墨子从鲁国赴齐国，顺道访问一位友人，友人见他四处奔忙，对他说，现在还有谁像你这样行侠仗义呢？你又是何苦呢？可是，墨子回答，如果一个家庭有十个孩子，只有一人耕种而九人闲着，是不是耕种的那个孩子应该更加辛勤地工作呢？你应该劝我这样做才对啊！

这是何等人格！何等境界！时隔两千多年，墨子那颗滚烫的心还在温暖着我的心！同样温暖着我的，还有在胡同里为老百姓的美好生活日夜奔忙的责任规划师们！

近些年来，北京市城市规划设计研究院的责任规划师与朝阳门街道办事处齐心协力，将史家胡同博物馆建设为居民的文化祠堂、社区议事厅，在此基础上，成立风貌保护协会，建立胡同规划建筑师制度，把居民和产权单位组织起来，让他们真正发挥主人翁精神，参与到社区营造活动中来，使居民的生活质量得到了实实在在的提高。

在这里，责任规划师从事的是一项极具挑战性的工作，因为他们已不只是在设计房屋，而是在设计生活；已不只是在规划蓝图，而是在规划政策；已不只是在塑造形体，而是在塑造精神。随着国家与社会的发展，精细化的社会管理、高品质的生活需求在呼唤治理能力的现代化，责任规划师们在脚踏实地地回应这一时代要求，他们把工作前置，站在了时代的前沿，推动着城市规划理论与实践的创新，让我们看到了希望！

故宫博物院研究馆员、故宫研究院建筑与规划研究所所长

从菊儿胡同到史
家胡同——北京
市责任规划师试
点实践

冯斐菲

呈现给大家的这本书，是一个联合责任规划师团队数年扎根基层开展街区保护更新与社会治理的实践成果。"生根发芽"这个词准确地描述了这个团队的成长过程，即一粒粒细小的种子，经过各方的精心培育而茁壮成长，不单成树，还在成林。在此，真诚希望各位读者能静下心来，感受一下这个美好但也艰辛的过程。

播下这粒种子应该是在2007年，在东城区交道口街道的菊儿社区。那年，为了开展《北京市中心城控制性详细规划》（01号片区）的公示活动，原北京市规划委员会（现为北京市规划和自然资源委员会）将负责各片区的规划命名为"责任规划师"，负责驻场讲解规划、接待来访居民答疑解惑。而交道口街道的责任规划师正是北京市城市规划设计研究院（以下简称"北京市规划院"）的队伍，也是本书责任规划师团队的雏形。可以说，当他们给社区居民讲解规划时，心中是满怀期待的，希望能听到各种意见建议。但令人遗憾的是，社区居民听了讲解、看了图纸却并未如成员们所愿针对控规提出什么意见建议，倒是对自己身边的各种问题展开了吐槽：人行道被商家占满了没法走、下水道箅子全是垃圾且臭不可闻、胡同路面坑坑洼洼、没有活动场地……。而团队成员的现场回答基本是：这个不是控规能解决的，我们会尽力反映给相关部门！

看着居民略感失望的神情，团队成员们有些不淡定：就这样打道回府岂不辜负了居民的期望？我们能尝试解决一些问题吗？可喜的是，东城规划分局与街道办事处也有此意。为此三方联手选择了一个居民反映最多的问题——菊儿社区活动用房不好用！

为了充分听取和尊重居民意见，这个小小的活动用房品质提升工作采用了全程公众参与的模式，从与居民协商设计到筹资、施工、完工总计花费了一年多。时间虽长，但最终的成果获得了居民的充分认可，工作模式也被街道办事处接受并在辖区内进行推广。团队成员们因此备受鼓舞，就此开启了扎根基层促进公众参与规划的试点探索之路。

2011年，北京市规划院受原北京市规划委员会东城分局委托编制东城区朝阳门街道辖区内的《东四南历史文化街区保护规划》。在规划完成后有个现象引发了团队的注意，即一些居民和在地单位改造房屋时对规划关于风貌保护的要求并不在意，甚至出现了传统构建被拆毁的情况。规划师们很失落，街道办事处的领导们也很着急——保护规划如何才能被大家接受并落实呢？能不能和居民一起商议、共同推进呢？于是，双方努力促成了一个由居民代表、产权单位、专家和社会志愿者组成的基层社会组织"史家胡同风貌保护协会"。为了更好地协助协会发挥作用，北京市规划院的规划师们不仅自己留了下来，更将北京工业大学的师生引入街区，逐渐承担了协会理事、秘书长之职，制定工作计划、组织推动各项工作开展，迈出了扎根社区的第一步。

为了加强团队服务社区的力度，2017年，北京市规划院、北京工业大学建筑与城市规划学院与朝阳门街道办事处签署了三方战略合作协议，建立规划师实践基地和教学实践基地，北京市规划院亦与街道签署东四南街区的史家胡同博物馆共建协议，开启了长期扎根陪伴服务的模式。

在多方共同努力培育下，越来越多的伙伴也进入并扎根在东四南地区，逐渐形成了由规划、设计、文化、艺术等多家专业机构在地服务的"朝阳门文化联合体"，协同合作为社区建设出谋划策。而史家胡同风貌保护协会与史家胡同博物馆也逐渐成长为汇集社会资源的协作平台，从高校到社会机构，外来力量源源不断加入，如中央美术学院、北京林业大学、熊猫慢递等，形成了一个多元参与街区共建的格局。

可以说本书是责任规划师联合团队的成果展现，你中有我、我中有你，为便于大家理解和阅读，以下段落及书中各篇文章的主语将采用"我们"——我们是一个团结的集体！

社区工作如何开展，从哪里入手效果最佳，这是大家颇费思量的。考虑到居民如果对自己家园的历史缺乏了解、对文脉价值少有认知，那就不可能有自觉的保护意识和行动。所以我们在街区的工作切入点并未先从规划师擅长的建筑空间改造入手，而是借助风貌保护协会、依托社区博物馆，从人文教育入手。如举办传统文化讲座、老北京民俗展演等以及采集社区居民口述史，并与居民一起制定社区公约，通过一个个活动提高居民对街区价值的认知，激发主动参与家园共建的意识，同时接受我们这些外来的规划师们。坚实的群众基础就这样悄然打下。

随之，我们以公众参与的方式陆续开展街区风貌保护和居住环境改善工作。首先从居民院内开始，包括院落公共空间提升和传统平房建筑修缮；有了一定经验之后从院内走向院外，对胡同小微空间进行品质提升，开展胡同微花园的设计与实施；之后扩展至社区公共设施——传统菜市场的改造。每个项目，从动议到设计、实施及后期维护机制制定都是与居民及在地单位共同完成。民生改善与人文复兴并进，共建共治共享的格局逐渐形成。

为了更广泛地宣传保护更新与社区营造的理念和工作模式，我们将每年一届的北京国际设计周引入东四南街区，建立了朝阳门分会场，并以"为人民设计"为主题展示名城保护与城市规划知识和街区更新实践成果，为居民、机构与公众创造充分交流沟通的平台。同时联合多家在街区更新、社区培育方面开展实践的高校、机构，发起建立了"社造联盟"，通过公众号向公众宣传创新理念和方法，并借鉴北京市规划院团委"规划进校园"模式，开展"名城青苗""小小规划师"等活动，致力于名城保护、城市规划从娃娃抓起，培养热爱传统文化和城市建设的后备军。

在实践的基础上，我们致力于总结工作模式与建立工作机制，有序向更大范围复制推广。朝阳门街道搭建了协商议事、汇集资源、孵化项目的"东四南文化精华区治理创新平台"，促进形成了扁平化管理模式，提高了工作效率，也为责任规划师融入基层治理创立了良好的条件；北京市规划院成立了"社区培育中心"，并在中社社会工作发展基金会下设立了国内首支从城市更新视角推动社区治理创新的"社区培育基金"，面向全市以公众参与模式带动社会力量、撬动社会资金，从人文、环境、宜居等多角度促进社区发展；东城区政府参照东四南模式，率先在全区建立了责任规划师制度，为全市推广做出了样板。

多年的努力也获得了回报，这支联合团队赢得了街道、社区的信任和居民的喜爱，创新性的工作亦获得了政府与社会的认可——东四南街区获得了住房和城乡建设部颁发的人居环境范例奖；史家胡同博物馆以"文化展示厅、社区议事厅、居民会客厅"为定位，成为居民的精神家园，并获得北京旅游网评选的公众最喜爱博物馆第一名；"为人民设计"展区获得北京国际设计周颁发的优秀项目奖；"美丽社区计划"项目获得中社社会工作发展基金会颁发的优秀项目奖；诸多主流媒体亦对相关活动和展览进行了全面深入的报道。

2019年5月，《北京市责任规划师制度实施办法》出台，北京成为全国首个全面推行相关制度的城市，我们这一批最早的责任规划师终于迎来了大部队。为此，特将这些年的工作理念、方法、路径与成果汇集成册，希望它能给同行们带来启发，引发共鸣！也希望以书会友，找到更多志同道合的伙伴，携手共建"美丽社区"，共创美好生活！

# 大　事　记

中心城控规公示工作坊

在全市4个街道
试点责任规划师制度

"规划进社区"试点
交道口街道菊儿社区
活动用房改造

新太仓历史文化街区
保护规划公众参与

编制东四南历史
文化街区保护规划

2007　　　2008　2009　2010　2011

2017

口述史收集

北京市规划院社造团
运营史家胡同博物馆

北京市规划院与朝阳门
街道、北京工业大学
签订三方战略合作协议

开展朝阳门南小街
菜市场改造

成立"社造联盟"

开展社区微花
改造试点项目

史家胡同风貌保护协会
成立，城市社造团担任
责任规划师

胡同博物馆成立

"咱们的院子"院落
公共空间提升试点
项目启动

制定史家社区
公约

首届开展"为人民设计"
北京国际设计周展览

"咱们的院子"
院落公共空间
提升第一批试点
项目实施落地

2013　　　2014　　　　2015　　　2016

2018　　　　　　　2019

全区推广
责任规划师制度

成立东四南文化
精华区治理创新
平台

成立中社社区
培育基金

推出系列"实践者论坛"

名城青苗项目启动

胡同微花园
项目实施

# 作 者 简 介

冯斐菲，北京市城市规划设计研究院教授级高工，中社社会工作发展基金会社区培育基金副主任。住房和城乡建设部科学技术委员会历史文化保护与传承专业委员会委员、中国城市规划学会历史文化名城规划学术委员会委员、北京城市规划学会街区治理与责任规划师工作专委会主任。著有《旧城谋划》，并参与撰写《风雨如磐——历史文化名城保护制度 30 年》。

廖正昕，北京市城市规划设计研究院城市设计所所长，教授级高工，历史文化名城保护研究中心主任委员。北京城市规划学会历史文化名城保护学委会领衔专家，东城区朝阳门街道责任规划师。国家注册城乡规划师、文物保护工程责任设计师，长期从事历史文化名城保护、住房建设等相关规划研究工作。

赵幸，北京市城市规划设计研究院高级工程师，中社社会工作发展基金会社区培育基金秘书长。北京城市规划学会街区治理与责任规划师工作专委会秘书长、北京市西城区"四名"汇智计划秘书长、史家胡同风貌保护协会理事、东城区朝阳门街道责任规划师。长期在北京开展历史街区保护和名城保护的规划公众参与工作。

马玉明，北京市城市规划设计研究院工程师，中社社会工作发展基金会社区培育基金副主任，长期从事城市规划咨询服务和企业管理工作。

惠晓曦，博士，北京工业大学建筑与城市规划学院讲师、硕士生导师。北京城市规划学会历史文化名城保护学委会、城市更新与规划实施学委会、街区治理与责任规划师工作专委会委员。史家胡同风貌保护协会副理事长，北京国际设计周朝阳门分会场总策展人，东城区朝阳门街道责任规划师。主要研究方向为城市更新、城市设计、住房与社区。

赵蕊，北京市城市规划设计研究院工程师，国家注册城乡规划师，历史文化名城保护研究中心研究员。北京城市规划学会街区治理与责任规划师工作专委会副秘书长，史家胡同风貌保护协会副秘书长，东城区朝阳门街道责任规划师。长期从事历史文化名城保护、城市规划设计、社区营造等工作。

王虹光，北京市城市规划设计研究院城市工程师，中社社会工作发展基金会社区培育基金项目管理部主管。北京城市规划学会街区治理与责任规划师工作专委会秘书、北京市西城区"四名"汇智计划副秘书长。长期从事街区更新、社区培育、公众参与工作，曾先后参与并负责史家胡同博物馆运营、责任规划师培训、中社社会工作发展基金会社区培育基金"礼士会客厅"等项目。

刘静怡，北京市城市规划设计研究院工程师，中社社会工作发展基金会社区培育基金策划宣传部主管。史家胡同博物馆副馆长、史家胡同风貌保护协会秘书长、东城区朝阳门街道责任规划师。长期从事历史文化名城保护、城市更新和社区营造等工作。

侯晓蕾，教授，博士，中央美术学院建筑学院十七工作室导师。北京城市规划学会历史文化名城保护学委会、街区治理与责任规划师工作专委会委员，中国建筑学会园林景观分会理事、中国城市科学研究会景观学与美丽中国建设专业委员会委员、北京市东城区天坛街道责任规划师。研究方向为城市更新、公共空间设计、社区营造。

果佳琳，史家胡同风貌保护协会工作人员，史家胡同博物馆前馆员。长期扎根于东四南历史文化街区，从事街区保护更新及社区营造等相关工作。

刘伟，北京乐尚艺游文化传媒有限公司总经理，注册咨询工程师及高级工程师，文创产业及城市更新资深顾问，老城保护社区营造实践者，文创品牌"熊猫慢递"创始人，北京白塔寺街区会客厅负责人。长期在北京开展社区营造一线实践，推动老城空间活化及传统人文再生，并以产品化思维为切入点进行社区营造路径的探索。

杨松，北京市城市规划设计研究院高级工程师，兼职团委书记，长期从事北京城市更新方面的规划工作，首钢北区详细规划的主要设计人，首钢南区街区控规的负责人，多个项目获得省部级优秀规划设计奖项。"我们的城市——北京儿童城市规划宣传教育计划"联合发起人。

# 目 录

VI 序一 施卫良

VIII 序二 董凌霄

X 序三 王 军

XIV 前言 从菊儿胡同到史家胡同——北京市责任规划师试点实践 冯斐菲

XVIII 大事记

XX 作者简介


001 **第一章 起点**

002 播下社区培育的种子——史家胡同风貌保护协会 廖正昕 赵 幸 赵 蕊 刘静怡


011 **第二章 文化建设**

012 重拾社区精神——社区公约编制 赵 蕊 赵 幸

024 重拾文化自信——感人至深的居民口述故事 刘静怡 王虹光 马玉明 果佳琳


037 **第三章 空间更新**

038 咱们的院子——大杂院公共环境提升试点项目 赵 幸 惠晓曦 赵 蕊

053 再造生活美学——胡同里的微花园 侯晓蕾 王虹光 赵 幸

068 留住温馨的菜市场 刘静怡 刘 伟 侯晓蕾 赵 幸


085 **第四章 场所运营**

086 史家胡同博物馆运营——以基地建设实现陪伴成长 王虹光 马玉明 刘静怡

110 宣传规划理念，带动社会参与——参与北京国际设计周 王虹光 赵 幸 刘静怡

128 从娃娃抓起——"名城青苗"项目 王虹光 刘静怡 杨 松


145 **第五章 制度设计**

146 完善基层治理工作机制——东四南精华区治理创新平台 刘静怡 赵 幸 惠晓曦

155 搭建汇聚社会力量的平台——中社社区培育基金 赵 幸 冯斐菲 马玉明

163 发展壮大——北京责任规划师制度建立与工作推进 冯斐菲


181 致谢

第一章
起点

# 播下社区培育的种子 —— 史家胡同风貌保护协会

廖正昕 赵 幸 赵 蕊 刘静怡

## 一、缘起——探寻保护规划的实施路径

北京市城市规划设计研究院、北京工业大学建筑与城市规划学院责任规划师团队历经近 5 年的努力与磨合，扎根朝阳门街道，成为推动历史文化街区保护更新和社区营造的重要力量，最初的机缘可追溯至一场活动。

2010 年 4 月 16 日至 20 日，朝阳门街道与英国王储慈善基金会（中国）以史家胡同为试点开展"社区工作坊"，在收集居民、规划管理部门意见的基础上，确定将当时闲置的史家胡同 24 号改造为社区公共活动场所，北京市城市规划设计研究院（以下简称北京市规划院）的规划师也参与了那场讨论。2013 年 10 月 18 日，整修后的史家胡同 24 号正式对外开放，成为北京第一家植根于社区的胡同文化博物馆，被街道办事处和社区称为"文化的展示厅、居民的会客厅、社区的议事厅"，受到社会的广泛关注。与博物馆筹备建设几乎同时，2011 年北京市规划院受原北京市规划委员会东城分局委托，编制完成了《东四南历史文化街区保护规划》，为街区保护更新工作的开展确立技术指引。保护规划编制过程中开展了大量调查研究和访谈工作，与街道办事处、社区建立了密切联系，进而提出"依托地区良好的社会关系和活跃的文化氛围，以社区建设为动力，推进规划实施与街区复兴"的规划策略，并受邀跟踪街区保护更新实践工作的开展。

随着史家胡同博物馆的建立和保护规划的编制完成，专家学者、社会公众纷纷给予这片古老的历史街区更多关注和更高评价，而当

图1 史家胡同风貌保护协会成立

图2 协会聘任胡同规划建筑师

图3 胡同规划建筑师聘书

地居民对于家园的自豪感和认同感越发强烈，基层政府守土有责，落实保护规划的意愿也越发坚定。尽管如此，我们却发现破坏胡同历史风貌的现象仍在继续。2014年3月，某产权单位对史家胡同某院落进行修缮时，由于缺乏风貌保护意识，未对传统建筑和有价值构件进行保护，导致一处建于民国时期的院门被拆毁。这一事件的发生给街道办事处管理者极大触动，街道办事处立即牵头组织专家、规划师、社区书记、居民、热心人士共同商议，如何能够搭建起一个平台，将居民、产权单位、政府和社会各方力量团结到一起，真正凝聚起历史文化遗产保护的共识，推动各方参与的共同行动，将保护规划的理念落到实处——这个平台就是后来的"史家胡同风貌保护协会"。

经过近半年的多方接触、动员与准备，史家胡同风貌保护协会于2014年9月24日正式注册成立，其成员包括居民代表、产权单位、专家和社会志愿者。北京市规划院规划师受邀担任协会顾问和志愿者，参与了协会筹备建立的全过程，并在后期逐渐承担起协会理事、秘书长、副秘书长等核心工作，使协会成为东四南地区特有的社会协同平台，发挥了汇集社会资源、开展公众参与、推动落实保护规划的重要作用。同时，为了进一步探索规划师长期深度参与基层城市更新与治理的路径，北京市规划院与街道办事处共同推动在协会中设置了"胡同规划建筑师"这一类似责任规划师的职务，并引入北京工业大学建筑与城市规划学院师生共同参与，使朝阳门街道成为最早真正全面施行责任规划师制度的试点地区。

## 居民、专家、志愿者在史家胡同风貌保护协会成立筹备会上的发言

●史家胡同5号院朱阿姨：2004年我们大门门框上砸上了蓝牌，有保护院落字样，还有编号，我看到欣喜若狂。2013年由东城区正式挂牌公布为普查登记在册文物院落。看到这个牌子，我想说，门口砸上了牌子，心里也砸上了责任，住在院子里咱们得保护！

●史家胡同49号院李阿姨：保护四合院文化迫在眉睫，十多年前翻盖的房子都是大瓦，房顶薄、不保温、不隔音，从外观上看就好像在长条大褂上打了个补丁，特别难看，不伦不类。我觉得保护老北京文化一是保护，二是修复，才能使老北京的文化四合院发扬长久，给子孙后代留下值得炫耀的地方。

●北京林业大学志愿者许舒涵：我们之所以如此自愿做寻找乡愁这样的事情，正是因为您，您的自豪感、骄傲感、对生活的热情和希望，让我们也觉得有了希望，我们会继续将这些希望传承下去，将老北京文化和我们的激情传递给周围的人，包括我们学校的大学生们，他们才是我们工作领域中的下一代希望。

●北京文化遗产保护中心发起人何戍中：将来有问题的时候，政府、法院、老板解决不了，协会如果能够提出解决方案，把居民理顺，把胡同保护得特别好，让大家生活也过得很好，钱又不用花太多——假如真能做到这样，这个协会就不得了了，希望有这么一天！

●北京市城市规划设计研究院责任规划师廖正昕：历史街区的保护需要政府、责任规划师和居民三方共同协作，政府建立机制、合理分配公共资源，专业技术人员进行技术指导，社区通过公众参与、建立居民自治机制，积极改善自身生活环境，共同构成整个地区发展的基础。

## 二、陪伴街区成长——史家胡同风貌保护协会的发展与演化

（一）初创期——
社区社会组织

在建立的最初阶段，史家胡同风貌保护协会被期望成为在地居民自发参与和运营的社区自组织。协会成员主要由在地居民、产权单位、社区工作人员构成，配以专家顾问和各行业热心志愿者，其核心工作团队由社区居委会和史家胡同博物馆工作人员担任，社区书记任理事长。这样设计的目的是为了强调协会的在地性，发挥社区居委会连接街道办事处和居民、产权单位的重要纽带作用。但在实际工作过程中我们发现，协会的核心团队成员与社区居委会社工高度重合，社工在承担大量社区日常事务的同时，已经没有足够精力运用这一新的社会组织平台开展额外工作。同时，协会成立之初吸引的热心居民和产权单位成员，由于缺乏平台运作经验和链接更多资源的渠道，很难借助这一平台自发推动街区风貌保护和规划实施这类较为复杂的公共事务。

（二）转型期——
专业支持型社会
组织

看到协会运营中的问题，在街道办事处和社区居委会的支持下，责任规划师开始深度介入，担任了协会理事、秘书长等职务，重新梳理各方分工、完善工作机制，制定项目计划，促进协会各项工作有序开展。协会以文化教育活动和风貌保护实施试点为切入点，先推动社区公约的制定，凝聚居民关于风貌保护的共识，同时引入多方资源，在区政府改造资金的支持下，通过试点院落公共空间提升见实效，使居民从保护实施中受益，进而树立关于街区保护的信心。在开展这些项目的过程中，我们再进一步发掘居民意见领袖，培育居民自治能力。通过一段时间的运营，协会的定位由最初的社区自治型社会组织转向了以风貌保护、街区更新为专业特点的支持型社会组织。在历史文化街区保护更新工作中，协会这一难能可贵的平台，开始进入街区院落，发挥了沟通协调居民、听取居民意见、共同推动院落提升和后续环境维护的作用。

（三）发展期——
枢纽型社会组织

在街道办事处、社区、责任规划师和各方的共同努力下，以协

会为平台开展的项目得到社会广泛宣传和各方高度认可。随着2017年朝阳门街道与责任规划师单位北京市规划院、北京工业大学建筑与城市规划学院签订战略合作协议，协会成为三方携手探索开展街区更新创新实践的重要平台。2018年，朝阳门街道与责任规划师又共同推动建立了东四南文化精华区治理创新平台，并委托协会运营平台。这一举措使协会真正成为服务街道各部门、链接在地社区与文化机构、引入多元外部资源的枢纽型社会组织，开始发挥出培育社区社会组织、促进在地文化机构协作、推广成功实践经验、孵化创新试点项目的重要作用。

## 三、进步与发展——史家胡同风貌保护协会的工作经验

（一）在地第三方社会组织在街区更新中的存在意义？

历史街区的历史遗留问题多、利益相关方复杂，其保护更新需要依靠各方的共识和共同努力才能有效推动。因此我们需要建立一个中立的、公益性的平台，即能够集合各方平等探讨街区问题、能够集结各方力量共同运行保护更新工作的平台。

开展街区更新和风貌保护项目需要获得居民的支持和参与，社会组织的民间、非营利身份更具亲和力，容易赢得居民的信任。因此在一些涉及复杂利益相关方的项目中，我们会特意在前台弱化政府角色，让社会组织和责任规划师、志愿者更多出面，有助于各方不带成见地进行理性表达。

（二）社会组织与责任规划师的协同配合

协会是基于朝阳门街道的远见和责任规划师的积极参与而共同推动建立的。它一方面发挥了第三方社会组织作用，为基层治理提供了侧面支持；另一方面亦与责任规划师制度的探索与实践紧密结合，加强了基层建设中专业力量的深度参与，无形中践行了街道工作会议以增强街道统筹调度能力为抓手，坚持赋权增能、做实做强街道办事处的要求。

史家胡同风貌保护协会案例比较特殊，这个社会组织是责任规划师参与发起、培育并深度指导工作的，其实更像是同一个团队在不同场合亮出的两种身份。责任规划师的专业性更强，主要发挥解读政策、引入外部资源、提供技术支撑作用；社会组织的在地性更强，主要发挥了解本地需求、维系内部资源的作用。在开展参与式空间更新和社区文化挖掘等不同项目时，两者紧密配合，共同成为街区更新的动力引擎。

在一般街区中，责任规划师和社会组织的配合也非常重要。双方从空间更新和社会治理的不同视角各自切入，使规划设计方法和社会工作方法相互融合、相互促进，同步推动街区更新和社会治理创新，达到"1+1>2"的效果。

## 四、总结与展望

史家胡同风貌保护协会的成立是幸运的，在基层政府的远见、社区居民的支持、专家学者的指导、志愿者的参与及责任规划师的推动下，协会勇敢直面街区保护更新与社区发展中的需求与挑战，不断积极调整着自身定位，成为越来越受到居民认可、爱护和各级领导关注、扶持的社会力量协同平台，成为东城区名城保护公众参与的一面旗帜。而5年来协会与责任规划师相辅相成的配合也是工作取得成效的关键，即协会为规划师提供了顺畅的工作渠道，而规划师则为协会的发展指出了路径和方向。期待未来能有更多的社会组织与责任规划师紧密对接，实现跨专业协同合作，形成更灵活的平台和更有效的力量。

# 专 家 点 评

赵博言
史家胡同风貌保护协会理事长，史家社区书记

协会成立的初衷是
什么？您对协会现
在发展的状况有怎
样的评价？

当时成立这个协会，是因为居民有这种愿望。我们这条胡同本
身保留的历史风貌比较完整，居民的保护意识也比较强，看到现在
北京的胡同越来越少，就有保护这里历史文化的愿望。我们当时得
到了街道办事处和许多专业人士的支持，就把协会给办起来了。规
划师对这个工作的热情也让我们在建立协会时深受鼓舞。另外还有
一些热心人士，包括一些对老北京文化比较关注的市民，还有一些
建筑师等，当时都积极参与到了协会的建设过程中。

随着这几年工作的深入，确确实实是看到了一些难能可贵的变
化。比如我们发现许多居民在这个过程当中，慢慢学会用非常理性
的方式来表达他的需求。像我们做的院落提升，项目开始之初各住
户总是有矛盾和冲突，后来在我们的规划师和建筑师与居民的耐心
交流之下，居民也很受感动，看到他们的付出，大家就会心甘情愿
地让出一些自己的利益，最后达成共识。这个过程就是一个很珍贵
的经验和财富。

您认为规划师在
协会工作中发挥
了什么作用？

我们的工作其实是规划工作和社区工作相结合的，我认为规划
师和社区工作者是相互助力的，我们互相地去影响和感染对方，互
相陪伴着成长。我觉得规划师是跨界跨得最棒的一个群体，居民最
初只是有种比较朴素的想法，潜意识地觉得我们应该保护这里的历
史风貌，规划师的加入就使我们的工作专业性更强了，方向更加明

确了。我们从专业规划师那里学习到很多，把规划与我们社会工作相结合，在这个过程当中，摸索出了"自上而下"与"自下而上"结合的社会治理手段。

您对协会今后发展有什么想法？

我希望风貌保护协会这样的工作方式不只为史家胡同服务，而是能走出去，推广到更大的地方，为东城区或者老北京所有需要风貌保护的地方服务。规划进社区，让更多的居民感受到在我们身边的规划，是一个特别重要的事。我希望我们这个工作做得越来越接地气，让史家社区居民提起"规划"这两个字感到不陌生，感到"我身边的规划我做主"。

惠晓曦
北京工业大学建筑与城市规划学院讲师、朝阳门街道责任规划师、史家胡同风貌保护协会常务副理事长

作为责任规划师，您在协会的工作中有哪些感悟？

从某种意义上来讲，协会的探索可以看作是责任规划师工作的前身。在朝阳门街道，我们是先有的协会才有的正式聘用的责任规划师，因为协会成立得比较早。但现在反过来来看，当初我们在协会做的一些志愿工作，实际上是起到了责任规划师的作用。

就朝阳门东四南的经验来讲，自始至终责任规划师和协会的工作都是紧密联系的。朝阳门的情况，虽然不能叫完全"自下而上"，但确实是我们这些志同道合的人，包括跟街道办事处一块配合，扎根街道生长出来的一个产物。从2018年开始，我们又以协会为运营主体，成立了东四南文化精华区治理创新平台，作为一个统筹平台，更进了一步。现在，责任规划师、协会和平台是个三合一的关系，相互支撑，相互配合，加上跟街道办事处的密切合作，会起到更好的效果。

我认为协会、平台和责任规划师是三位一体的。

首先，协会为规划师提供了一个长期驻扎的工作基地，各团队在这里集合起来相互配合，工作会更加顺手。

另一方面，对责任规划师来说协会是一个好的工作抓手。随着精细化管理的推进，责任与权力都要下沉到街道办事处这个层面，但是街道的技术力量是不足的，需要规划专业的支持，而协会能够比较好地对接责任规划师制度。协会里有社区工作人员、专业技术人员，还有居民的代表，可以帮助责任规划师实现规划工作的上传下达和协助工作开展。

协会运营治理创新平台是为了将专业助力街区更新和社区建设的工作模式向更大的范围推广，从为社区服务走向为街道层面服务，为街道其他社区服务，产生更强的带动作用。

现在责任规划师、协会以及协会负责运营的治理创新平台，三者之间的工作有重叠的部分，这个工作关系还需要未来慢慢去梳理，让它再清晰化一点。

就协会来讲，目前力量有限，很多具体工作没法开展。我觉得协会应该适度实体化，在整个构架中引入固定的工作人员，有一些自己的造血机能，有一定的独立性，减少对责任规划师以及政府的依赖。这样它与责任规划师和治理创新平台的关系也会更加清楚，重叠的部分可能会越来越少。

今后协会可以直接承担一些示范性项目，比如社区营造、改善民生或者风貌保护、文化传承等项目，起到一个模板或范例的作用。再往后协会可以走出朝阳门，去帮助别的街道、别的城区去策划，这样协会才能真正成长起来。

第二章
文化建设

# 重 拾 社 区 精 神 —— 社 区 公 约 编 制

赵 蕊 赵 幸

自 1987 年民政部首次提出"社区服务"的概念起，行政型社区逐步转型为合作型社区和自治型社区，政府管理与公民自治相互配合的社区民主治理体系在逐步形成。在这样的背景下，赋予公众参与的权力并使其主动履行该权力，培育社区治理能力并不断提升居民归属感与自豪感，发挥居民力量协作共建营造良好的社区氛围，成为责任规划师扎根社区、起到"上传下达"纽带作用的着力点。

北京老城历史街区是城市变迁的见证者，更是邻里守望精神的承载体。大杂院里生活空间的交叠、胡同中公用空间的有限，造成停车无序、公共空间挤占、邻里协作欠佳等问题普遍存在。2015 年起，为调动居民主动关注身边事务，发挥社区内生力量推动居民自管自治机制逐步建立，史家胡同风貌保护协会（以下简称"协会"）分次、分主题邀请相关利益方共商社区事务，以问题为导向，带动居民讨论社区里的"大事小情"。最终，由居民自主协商，将大家提出的好建议和认为应该自觉遵守的行为准则进行提炼，以"大白话"条文形式形成"社区公约"。

至 2018 年，社区公约先后在史家社区、内务社区建立，并逐步进院进户，有了"小巷公约""小院公约"。同时，协会携手社区共同策划了居民签约仪式、公约绘本、宣传画征集、宣传片制作等活动，发挥了公约的宣传影响力和长效约束力，让公约内容深入人心，带动更多居民加入到自我约束、相互监督的社区自治管理队伍中。

图1 "胡同茶馆"活动现场　　　　　　图2 《史家社区公约》开放空间讨论会

## 一、实施案例

（一）史家社区公约：全过程居民参与，北京首家社区公约的诞生

2015 年，协会以史家胡同博物馆为依托，联合史家社区以"胡同茶馆"①的形式推动居民制定《史家社区公约》。在"胡同茶馆"里，我们引导居民讨论社区问题、提出解决方案，话题涉及"守护胡同四合院，守护老北京的家""胡同风貌保护""服务管理""环境治安"等方方面面与大家息息相关的话题，勾起了难忘的老北京胡同生活记忆。参与讨论的人群年龄从 20 岁跨度到了 80 岁。

在几轮"胡同茶馆"的讨论后，协会理事长、史家社区书记赵博言提议通过某种形式将大家提出的好建议落在纸面，居民提出了以"公约"的方式展现。在讨论中大家决定，社区公约应该是大家都能看懂的"大白话"，而不是抽象刻板的条例。这样，公约才能更有亲切感，也更容易执行。经过居民代表多次分组讨论与措辞完善，分散议题逐步聚焦，形成了"史家人"公认的行为准则。

①"开放空间"是一种组织公众参与讨论公共事务的工作方法。鉴于我们是在老城历史街区的胡同四合院里开展工作，所以以"胡同茶馆"命名了这种活动形式。

公约的内容包含胡同风貌、邻里相处、环境卫生、道德礼仪等多个方面，"草案"出炉后，社区居委会张贴了"草案"海报，并将其发到每户居民手中，同时在社区博客、微博、微信等渠道广泛征求居民和属地单位的意见。

由于史家胡同外来游客众多，胡同居民还将《史家社区公约》

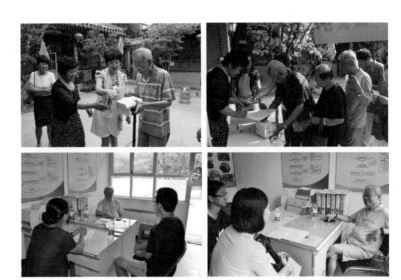

图3 《史家社区公约》广泛意见征求

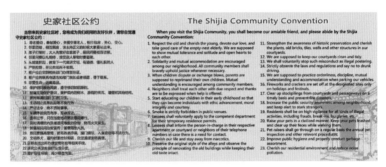

图4 《史家社区公约》

翻译成英文版，带头的译者是原外交部翻译家、中国译协专家委员、史家社区居民孟宪波先生。历时6个月，共计500余人次参与，包含23条行为准则、共计九百余字的中英文对照版《史家社区公约》制定完成。2015年北京国际设计周上，在史家胡同博物馆展示了最终版，并举办签约仪式。在各方的见证下，辖区居民、单位代表在公约上庄重地签下自己的名字，一起郑重承诺遵守公约，保护家园。

2017年，为强化史家社区居民对社区公约的记忆和责任感，也让社区青少年自觉自发地加入到社区公约的宣传、履行和监督的队

图 5 《史家社区公约》签约仪式

伍中，史家社区发起了《史家社区公约》绘画征集活动，制作形成青少年公约绘本。

2018 年内务社区委托协会全程策划、组织并跟踪了一系列"自下而上"的自管体系建构活动，通过三次递进主题的公开讨论会，引导居民及相关利益方自发制定社区公约。同时号召社区内各条胡同及各个小院的居民自发自愿结合胡同和小院内的实际

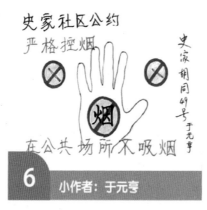

图6 《史家社区公约》年历

情况编制小院（巷）公约，并悬挂在胡同和院内供大家随时阅览以正言行。

三次主题分别为"我们的内务社区——胡同生活的小问题""我能为社区做什么——社区问题的解决途径""内务人的行为准则——社区公约的条文编写"。我们以"胡同茶馆"的模式，以"回忆引领、分组讨论、观点落笔、代表发言"的步骤，引导居民讲述记忆中的胡同生活、发现社区现有问题、共商解决途径。"共享单车不得入院，在胡同里停放时要摆放整齐""邻里小孩儿之间发生冲突时，家长先管好自家孩子，以和平友好方式处理矛盾"……公约的雏形就在大家的热烈讨论中诞生了。

之后，我们又通过公众号推文、海报张贴等方式公开征求社区居民的意见，最终完善并确定了公约条文20条，内容涉及邻里交往、公共卫生、儿童教育、为老服务等多方面，真正做到"源于居民、用于居民"。

**内务社区公约**

内务社区是我们共同的家园，请您自觉遵守内务社区公约。

1. 邻里间相互关照，家庭和睦，互帮互助，互谅互让。
2. 爱护环境，爱护公共设施，不在公共区域乱堆乱放杂物并及时打扫清理。
3. 自觉维护公共场所的卫生，不乱扔垃圾，不随地吐痰，不在公共场所吸烟。
4. 注意个人形象，夏季不得着装过露，不得以不雅姿势在座椅上躺卧。
5. 邻里小孩儿之间发生冲突时，家长先管好自家孩子，以和平友好方式处理矛盾。
6. 加强对孩子的公共安全教育，不在胡同内乱跑，不干扰其他居民的正常生活。
7. 爱老护老，发扬志愿者精神，年轻人主动参与到社区为老服务中。
8. 社区内禁止饲养家禽，宠物外出必须由主人看护，自觉清理其便。
9. 养犬户应定期去派出所办理宠物年检等相关手续，外出遛狗时自觉拴好狗链，不养不符合规定的大型犬。
10. 社区租户应自觉到流管办登记信息，主动将联系方式告知邻居，便于联系。
11. 提高安全警惕，留意可疑陌生人员，遇到异常情况及时报警或通知物业、社区工作人员。
12. 加强文物保护意识，爱护树木、砖瓦、墙壁等历史构件。
13. 不得私自进行房屋翻改建，不得使用不符合街区风貌的建筑色彩、材质进行立面装饰。
14. 主动制止在胡同中乱贴、乱画等破坏胡同环境的行为。
15. 非商业功能用房不得私自开墙打洞进行商业经营。
16. 任何单位和个人不得私搭乱建，不得噪声扰民。
17. 社区内行车必须顺行减速，按照机动车路线安全行驶，不得鸣笛。
18. 有序停车，不得私装地锁，不得用废旧车辆及其他物品私自占用车位，保障紧急救援车辆及行人的正常出行。
19. 共享单车不得入院，在胡同里停放时要摆放整齐。
20. 发扬主人翁精神，积极参与社区建设，共同维护良好生活环境。

图 7　内务社区开放空间讨论会现场　　图 8　内务社区公约

在社区公约的基础上，结合居民自愿申请，我们选取了东四南大街 31 号、33 号、35 号、37 号及内务部街 36 号共计 5 个各有特点的院落作为试点，针对院内问题编制小院（巷）公约。

（1）东四南大街的四个院落共临一条通向各院的小巷，居民自发提议集合四院力量编制小巷公约。居民纷纷列举小巷存在的交通、环境、安全等多方面问题。如：小巷内部空间拥挤，杂物和自行车随意摆放，影响日常出行；公共的绿植花池维护性差，蚊蝇滋生等。大家群策群力最终达成七条小巷公约。

（2）内务部街 36 号为军民共居院落，多年秉持互帮互助、亲如一家的和谐氛围。以倾听诉求为出发点，居民与战士踊跃发言、

图 9　东四南大街小巷公约编制现场　　图 10　内务部街 36 号院小院公约编制现场

图 11　公约挂牌安装　　　　　　　　图 12　居民回访

各抒己见，共同探讨院落中遇到的问题，描绘理想的小院生活场景，对院落的环境提升和街区管理提出意见建议。最终达成 6 条小院公约。

公约牌的制作也汇集了大家的建议。它不仅是行为准则的展示品，还承载了信息栏、通知收发袋的功能，实现了一物多用。我们进行回访时，居民予以高度认可，认为公约牌在小院环境整治与维护、信息布告通知、邻里关系和谐等方面发挥了切实作用。

同时，为扩大公约的宣传力度，我们采取了多种形式：举办了公约签约仪式；邀请设计师将条文图片化，并提取"关键词"设计制作成实用的帆布包，发给每一名"内务人"；将全程跟拍记录的影像剪辑成项目纪录片，在社区、文化机构、街道等地循环播放，号召大家从自身做起，履行公约，共创美好社区。

图 13 《内务社区公约》签约仪式及帆布包设计

**居民对社区公约的评价**

"社区居民深深受益于社区公约，小院的居民遵守社区公约，对院子进行了环境整理，现在的院子环境从没有公约前的脏乱差变成了公约后的干净、整洁。"

——内务部街 11 号居民

"建立公约后，小巷的环境得以改善，居民自觉地将垃圾堆放至指定位置，对花草进行有序的摆放，小巷里的环境变得干净、整齐，给小巷里营造了一个整洁、舒心的环境。"

——东四南大街 31 号居民

"通过小院公约的制定，院里的居民变得更加亲近，能够自觉规范言行举止，遵守公约内容，希望小院可以变得越来越好。"

——内务部街 36 号居民

## 二、难点问题与解决经验

（一）难点：如何组织居民进行有效讨论

初始，在"胡同茶馆"讨论会上，有些居民容易陷入自身的零碎小事儿，无法换位思考或者拓展至社区层面进行思考并提出解决措施。同时，人一多就容易出现你一言我一语各自表述，逐渐偏离问题主线和目标导向的情况。所以，既要引导居民开展发散讨论又能凝练成集中观点，是讨论会的关键。

（二）解决经验

（1）纳入社区引导员制度。分组讨论过程中，每组配备一名社区工作人员，对居民进行讨论方向引导和观点提炼。社区引导员不干预居民观点，且提炼的观点意见须取得全部组员认可。

（2）注意讲求居民参与策略和计划的制定。例如分组时，应在自由结组的基础上，统筹分配不同亲密程度的居民，避免

**从"为了拿礼品"到"主动建言献策"：** 在内务社区公约编制过程中，我们也遇到了普遍存在的情况，即有些居民以"拿纪念品"为主要目的。圆桌讨论会，我们准备了水果、零食以及活动需要配备的纸、笔、便笺纸等，开始，有些居民不太关注活动主题，更多在意这些小礼物。为了让居民转移关注点，我们加强了对社区引导员的培训，要求除了注重耐心倾听居民发言，同时增加居民代表上台发言以及对条文建议进行展示等环节，激发居民意见表达的欲望并保障居民大部分时间都在参与。同时，对居民的意见建议要积极采纳。逐渐的，原本只为了领取"小便宜"的居民开始随引导员进行思考、出谋划策，甚至有些居民在会后还会给协会、社区打电话，说自己在会上哪个意见忘记表达了。在小院公约编制试点选取期间，这些居民主动申请参与，转变了参与活动的态度，并积极组织大家，发挥了居民领袖的潜质。

**"发挥专长"的社区能人：** 史家社区公约多次深入讨论后，社区赵博言书记提议以"大白话"的形式成文，并在居民中招募条文撰写人。史家社区土生土长的张屹然同学与外交部大院的孟宪忠老师主动请缨，多次讨论修改后形成了公约初稿。同时，翻译官出身的孟宪忠老师，将条文翻译成中英双语，在后续的国际设计周朝阳门分会场上，双语公约吸引了到场国际友人的关注，充分展现了北京社区的精神面貌，赢得了赞誉。

观点一致化或某些居民无法充分表达观点。同时，应注意方案的可调整性与操作性，不一定一次到位，可结合实际情况逐步细化修订。

（3）多吸纳社区工作人员意见，注重学习其工作方法与技能。社区是直接面向居民的自组织，其工作人员对居民的脾气秉性十分了解，基层工作处理的方式多样，经验丰富，对项目推进与灵活调整有很重要的参考作用。

（4）从居民实际生活角度出发，找准切入点，调动居民关注与参与热情。作为外来者不能想当然，而是要充分尊重居民提出的各种建议，不主观评判、取舍，同时在实际条件允许的范围内，给予社区、居民更多的决定权与自由支配权。

## 三、总结与展望

公约编制过程中，我们首创了"胡同茶馆"讨论会模式，并以公共空间品质不佳、邻里缺乏协作等问题为导向，策划了不同主题的茶话会，发动居民参与讨论、建言献策，并调动居民专长，使得社区公约制定的全过程做到了居民"主动参与、主导撰写、自觉践行"。项目得到了政府、居民、社会各方的广泛认可，也是责任规划师扎根社区，为做好物质空间改善而进行的软性文化培育，以此构建居民发声平台，为建立社区自治机制打下坚实的群众基础，其复制推广性较强。

未来，我们会结合居民需求，逐步在更多的社区进行推广，并建立公约长效跟踪机制，结合实践不断反思问题、提炼经验教训、完善工作方法，以公约制定活动激发居民主动参与公共事务的积极性，上下一心，共同进行社区建设。

史海宁
内务社区书记

您当时带头编制
社区公约的初衷
是什么？公约编
制项目与其他社
区项目有什么不
同之处？

　　其实我们当时编制社区公约，主要是想让居民通过自我讨论来解决自己的一些问题，了解这种自管自制的模式。它不是一个规定，而是大家自觉维护的一个公约。所以当时我们编写公约的时候，关注的都不是一些特别大的事，而是居民生活中的琐碎小事。

　　编制社区公约与别的项目不同的是，在举办其他活动的时候，我们向居民发一个通知，公开招募一下就可以了。在这种情况下，居民是比较被动的。而在社区公约的制定过程中，居民是主动的。他们要主动地找出社区的问题，不像其他项目有一个预先划定的范围。虽然说比较费时，但产生的效果非常好。虽说公约不能解决所有问题，但能帮助我们社区形成一种比较好的氛围。有了这样的公约，大家就会相互提醒。像邻里之间，有点小矛盾，大家相互让一下也就过去了。

公约编制过程中
我们进行了许多
开放空间讨论会。
开放空间讨论会
的 重 要 性 在 哪
里？未来，是否会
继续采用开放空
间讨论会的形式
解决社区问题？

　　我觉得这种形式特别好，可以让大家畅所欲言。平常有些居民向我们反映问题的时候，我只能针对他个人来解决，但是在这种会上，大家集思广益，把所有的事情都说出来，让每个人都能看到这些问题。在有矛盾的时候，大家不会指名道姓针锋相对，而是共同解决，这时候就能避免矛盾激化。开会的过程中大家表达自己意愿的能力也有所提升。第一次可能不知道怎么回事，慢慢就知道了要讨论的是什么，怎么表达自己的意见，怎么提出建议。我们后来又举办了许多次开放空间讨论会。比如我们今年做了一期叫生活大爆炸的活动，包括现在正在做的公益微创投的活动，都是这种开放空间的形式。参与的不只有老人，也有很多年轻人，效果很好。

您觉得我们之前编制公约还有什么提升的空间吗？今后会向哪个方向发展？

一开始我们做这个公约的时候关注的主要是居民的一些小问题，虽然都是老百姓身边的问题，但是有些杂乱。后来我们又做了一些相对来说更细化、更专业化的公约，比如停车公约等。我们现在在进一步推广小院公约，就针对这个院子形成专属公约，逐步实现院落－社区－街区的自制管理。

# 重拾文化自信——感人至深的居民口述故事

刘静怡　王虹光　马玉明　果佳琳

　　口述史是历史研究的重要方法之一，个人的记忆和感知是地区历史脉络的重要补充也是人与空间、人与社会关系的充分展现。近年来，随着人们对历史文化日益重视，相关的实践越来越多，并且在城市步入更新与治理时代，针对社区居民开展的口述史工作更是受到了前所未有的重视并蓬勃发展。因为，回想过去，无论是辉煌还是惨痛，都能激起居民对生活的感悟、对家园的认知，因此，口述史采集就是一个汇聚民心、传播理念的过程，能成为街区更新与社区建设工作的敲门砖。

　　史家胡同风貌保护协会成立后，我们将口述史工作作为激发居民建立家园意识、形成文化自信和行动自觉的重要手段。许多志愿者和机构纷纷加入了该项工作，几年来，针对东四南街区取得了角度各异、形式丰富的成果。如 2014 年，史家胡同居民张屹然因学年论文，采访了史家胡同多户新老居民、史家小学老校长等，形成了一系列文章；2015 年，北京林业大学园林学院的"乡愁北京实践团"，开启了一场以"乡愁"为主题的记忆调查之旅；2017 年，我们在史家胡同博物馆策划了"回家·旧影"展览，展现社区居民老照片背后的故事；同年，又策划了"京城回眸 – 东四地区老照片"展览，通过历史照片收集老城记忆；2019 年，东四南治理创新平台举办了口述史工作坊，邀请专家教授为社区的社工、在地机构及社会人士进行培训，并形成东四南地区的口述故事小册子。

图 1　口述史采访现场

图 3　史家系列口袋书《老照片背后的故事》

图 2　回家旧影展览

## 一、实践案例

（一）回家旧影<br>——居民老照片<br>背后的故事

　　2017 年，为了展现东四南街区宝贵的人文内涵与居民自己的故事，我们以居民家里的老照片为依托，策划了"回家·旧影"展览。我们在史家胡同博物馆安放了一台扫描仪，为社区居民扫描了近百张家庭老照片，再以照片为媒介邀请居民讲述其背后的故事，并以录音、摄像和文字等形式记录下来。展览结束后又推出了史家系列口袋书——《老照片背后的故事》。

　　居住在史家胡同 45 号的居民李豫叔叔与朱红阿姨拿出家庭相册，每一张照片都精心地标注了时间、由来，并按顺序排列。李豫叔叔的父亲李何林是鲁迅研究的奠基者、中国现代文学研究学科的奠基者，为党和祖国培养了一大批中国现代文学和鲁迅研究的人才，叔叔在父亲的老照片背后写着"要向父亲那样，以鲁迅先生教导的

图4　李豫叔叔父亲（李何林）的老照片　图5　宗阿姨和先生合影老照片

'横眉冷对千夫指，俯首甘为孺子牛'的精神去实践，以'随时为大家着想，谋点利益就好'为人民服务作为理想和追求"。

　　居住在史家胡同54号的居民宗秀英阿姨分享了一张和先生的合影。她说"我在史家胡同住了快四十年了，这张照片是居委会组织的'老人也有爱'活动时拍摄的。我先生蒲宝明是当时史家社区的书记，那时候社区居委会各方面环境都特别简陋，非常艰苦。史家西口的部分绿地，就是他和十位居民代表一起争取下来的。"

　　上百张的老照片和大家的口述故事，涵盖了时代变迁、街区变化的方方面面，居民们作为亲历者，通过讲述，对自己生活的街区注入了更深的情感，也更珍惜现有的生活状态，并且有了更强的意愿，将街区建设得更美好。小小的照片悄然地促进了社区的凝聚力的增强。

（二）京城回眸
　——胡同老照片背后的故事

　　2018年，为了配合东四地区街巷环境治理工作，我们策划了"京城回眸"展览，展示了一批北京市规划院的历史资料——1950年左右拍摄的城市老照片。展览将东四地区的老照片分为三个版块：其一是不同时期建筑单体的照片，重点挑选了一些大众记忆比较深刻的场所，如浴池、理发馆、工人俱乐部、青海餐厅等；其二是用1963年的老照片搭建了东四十字路口的小模型；其三是根据一位东四老居民和他儿子的记忆还原的东四大街小模型。

图 6　史家胡同西口春风理发馆老照片　　　　图 7　大陆医院老照片

在展览过程中，我们实时观察参观者的状态，并进行情感调动，邀请他们回忆街区历史和风貌特征，由此很好地补充了地区的史料，对街巷的风貌保护与整治起到了很好的助力作用。

有一张老照片是曾经位于史家胡同西口的春风理发馆，外形很漂亮，街区居民对其印象深刻，说它当年是公私合营，那时很受欢迎。在演乐胡同居住了 60 多年的郝淑芬阿姨回忆道："改革开放之年，当时 30 岁出头的我就来到了春风理发馆，剃掉了老式的大长辫子，做了一次时尚的烫发，用新的发型迎接改革开放的春风。"在本司胡同居住了 70 多年的邵孟君阿姨说"当年理发馆里有个男理发师，姓鲍，长得特别帅，女孩子们去那里理发时，都爱找这个师傅，其他理发师有时间能剪，但是女孩子们借口说鲍师傅手艺好，就等鲍师傅。"邵阿姨回忆之时仿佛回到了豆蔻年华。还有居住在史家胡同 20 号人艺大院的老艺术家蓝荫海，他说当时出演话剧《风雪夜归人》时，理发师对应富家少爷的角色为他设计了一个分头发型，帮助他成功地塑造了一个经典的角色。

还有一张老照片，上面的建筑有细腻的西式雕花，外面有围墙、大门，很是吸引大家的目光，但是多数居民对其似乎没有什么记忆，成了一个谜题，直到一位原来曾在此居住过的老人韩重昭阿姨的到来才解密。老人说该建筑在中华人民共和国成立前是一家平民医院——大陆医院，她爷爷就是当时医院的经营者。医院里有门诊、内科和妇产科，医院后面通着的院子就是老人当时居住的地方，晚上经常能够听到新生儿的哭声，表示着又一个小生命的降临。前院院子里有两个小摊儿，一个是刻字的、一个是代写平安家书的。后来大陆医院不再是医院了，改为民宅，住进了很多人。到了 1990 年代初，"大陆医院"被定为危房将居民迁出，韩阿姨一家也就搬走了。

**（三）口述史工作坊——汇聚社会力量挖掘社区文化**

2019 年，由史家胡同风貌保护协会发起，在朝阳门街道东四南文化精华区治理创新平台和中社社区培育基金的大力支持下，口述史工作坊顺利举办。工作坊邀请北京大学社会学系副教授王迪、北京清华同衡规划设计研究院人文与创意城市研究所副所长齐晓瑾作为主讲人，为社区的社工、在地机构和社会人士传授口述史的理论知识和收集方法，并通过实践让大家进行采访练习，帮助大家用更加专业的方法来采集街区居民的记忆。工作坊用 3 个月的时间、通过 3 次课堂活动对学员进行专业化、系统化的培训，为朝阳门地区持续开展口述史工作奠定了坚实的基础。

图 8　口述史工作坊课堂现场

首堂工作坊课程以理论教授及专家现场采访演示为主，分为"口述史理论知识分享""参与学员分享交流经验""专家现场演示采访老劳模"三个环节。王迪老师从口述史的概念辨析、控制程度、注意事项、基本工作四方面进行理论知识分享。他指出口述史并没有一个完备的概念或特定的标准，每个人眼中都有不同的角度及操作技巧，更多依赖于个人阅历、经验以及一些方法沉淀；在口述史探访的过程中，采访者需要带有求知欲与敬畏感沉浸到场景中；访谈方法可以分为结构式访问和无结构访问两种，在无结构访问中，根据访问的控制程度，可以分为重点访问、深度访问、客观陈述式访问三种，而口述史方法介于深度访问和客观陈述式访问之间——并非有主题预设，也不完全任由被访者客观陈述；在收集过程中，采访者与受访者需要逐步建立互相熟悉和信任的关系，再逐渐过渡到重点话题，再通过主题来抓取一些异常事实，以激发受访者的表达意愿。

第二堂课是基于第一堂课的作业——"采访家人形成口述史文章"，邀请实践的学员进行成果分享，内容包括了首钢变化、农村生活、盲人按摩学校创业、读书改变命运等主题。从家族故事开始是一种比较容易的口述史收集方式，两位专家对每位学员的分享进行了一对一的点评与指导。第二堂课后，将学员分组并向大家推荐了东四南街区的受访居民，请学员通过采访去探寻街区背后的故事。

第三堂课学员们即基于采访成果和对区域的理解进行分享，内容包括古建彩绘、社区变迁、海关生活、艺术人生、摄影的力量等。专家点评指导后，学员将其修改成文，最终形成了东四南口述史小册子。

参加此次工作坊的学员们纷纷表示，通过本次学习对口述史的知识和方法有了系统了解，希望能够继续深入实践，在自己的工作领域进行应用。

## 口述史工作坊学员感言

一个个生动的人、一位位居民会让一条胡同、一个地方变得有温度、有意思。我所采访的张敏杰老师分享了她与古建彩绘的故事，当古建彩绘的技艺慢慢衰退的时候，张老师的口述历史就成为一个行业风云变幻的见证。做完口述史，我觉得如果一个个读者就有一千个哈姆雷特，那么即使采访的是同一个人，每位采访者所产出的内容都是不同的。北京真的是被"折叠"着的！张老师的口述史带我行走在城市被折叠的时空里，让我对古建彩绘生起了从未有过的感情。我希望日后能够把口述史和艺术共创结合起来，深入社会的激励，去探讨焦虑症、老年人的生活和饮食等问题。

——朝阳门社区文化生活馆工作人员 郑圆

采访对象 张敏杰（演乐社区居民，曾从事古建彩绘工作）


我采访了我们社区的居民李淑如阿姨，她为我们讲述了很多她的故事，访谈气氛非常融洽。通过本次的工作坊让我了解了什么是口述史，通过培训增强了自己的沟通能力，能够与居民或者被访问者之间进行一个有效且有价值的沟通，希望这项技能也能够应用在日后的社区工作中。

——朝西社区社工 李红

采访对象 李淑如（朝西社区居民，退休前从事幼儿教育工作）


我采访了曾在朝阳门街道内担任过多个社区书记的王学君女士，通过近3个小时采访，我对历史街区保护和社区工作有了认识，感受到了诸多的不易，颇有触动，也体会到了以这种形式去记录的意义。因此我也制定了正式进修社会学的计划，希望将来能更多地参与到此项工作中。

——北京市城市规划展览馆 高韦懿

采访对象 王学君（退休前曾担任朝阳门街道内多个社区的书记）

## 二、口述史收集流程

（1）确定主题：口述史的主题是多样的，涉及面很广，采访者要先明确大方向。譬如关于城市的主题，可以从城市及家庭老照片、街区老建筑、家中的老物件为切入点，也可从特殊事件、特定人群和历史阶段入手。

（2）前期准备：查阅与主题相关的书籍、论文、报道、档案等内容；多方搜集受访人的相关资料，确定访谈提纲；提前与受访人沟通访谈主题、大致方向，约定采访的时间、地点，准备访谈设备。

（3）执行访谈：首先，尽可能营造轻松、融洽的氛围，更顺畅、自然地开启访谈，再逐渐从不同角度和方向贴近主题；采访者在访谈中要适当地作出回应，譬如可以自嘲、对受访者表达鼓励和认可、对访谈内容进行重复和总结等。

（4）整理访谈：第一，进行录音的文字转译，去除与主题无关的内容，梳理、合并同类内容；第二，结合相关文献研究对上述文字加以补充、印证和改进，如有缺漏信息可再进行补充访谈；第三，将文章整体完善和优化，增加文章可读性。

（5）成果留存与输出：采访成果可通过文稿、照片、录音、纪录片等多种方式进行整理和留存。经受访人同意后，可以文章、展览、出版物等多种形式进行展示，亦可用于学术研究。

## 三、口述史采访技巧

做口述史采访，如何尽快让受访者放松，并说出采访者想得到的内容是需要一些技巧的。通过实践，得出以下建议，供大家参考。

（1）访谈中需要考虑受访者关心和在意的内容，不要急着发问，可以请他们先讲述自己愿意或觉得值得讲述的内容，逐渐熟悉并取得信任后，就能获得更多的发问权。同时采访者对内容、进度等需要有一定的干预、引导，以及对受访者做适当的回应。

（2）要透过受访者的讲述去找到一些相关的事件和时代发展背景等，可以激发受访者，拓展采访内容。如女性地位的变化、个人职业生涯与彼时社会偏好等等。

（3）访谈者需要将提纲在大脑中形成储备，这样可及时进行适当的追问，寻找自己想要的答案。

## 四、总结与展望

每一个居民，都是一座记忆的宝库，口述史就像是打开宝库的钥匙，帮助我们共同探寻街区乃至整个城市的发展变迁。而采集的过程与成果能促使双方都更深切地关注自己的生活场所和生活状态，并产生推进街区进步的意愿，这也是我们在东四南持续开展此项工作的动力。虽然取得了一些成效，有了一点心得，但正如前文工作坊学员郑圆所说："一千个读者就有一千个哈姆雷特，那么即使采访的是同一个人，每位采访者所产出的内容都是不同的。"因此，众多的宝库需要我们不断探索挖掘，希望所有从事历史街区保护和社区营造的团队都能深刻地认识到口述史对于街区的重要价值，和我们一起行动。

李豫
史家社区居民（退休前为中学教师）

　　我觉得这些口述史非常重要，我今年86岁了，我们这一代人将来要是走了的话，过去的事情真就没人知道了。我基本上是随着新中国成长起来的，而我父亲是参加过"八一南昌起义"的一代人。从那个时候一直到新中国成立之后的几十年，把这个历史介绍给大家，尤其让年轻同志知道，我觉得很有意义。我们这些历史都是自己亲身经历的，与历史学家讲述的历史在形式上不一样。一般老百姓的这种经历不掺杂其他的一些成分，我是怎么过的，我就怎么讲，这样大家也愿意来了解。

张敏杰
演乐社区居民（曾从事古建彩绘工作，退休前为国有资产监管企业员工）

　　一开始我对咱们社区接触不是很多，后来社区说想找一些能讲自己原来经历的居民参加口述史收集工作，我就被推荐上了。当时我想我哪有什么值得说的，后来在史家博物馆做汇报时，我就说我曾经做过古代建筑的油漆彩画修复工作，没想到大家特别感兴趣，都希望多了解一些这样的传统文化。然后在这方面我就开始刻意地去准备，给社区做主题讲座。开始我还挺被动的，但慢慢觉得能给大家普及这些知识真有意义。现在这些年轻人还能这么下功夫地收集口述史，我也很感动。

后来通过口述史收集、胡同读书会、朝阳门社区书画社等等，我和社区接触就多起来了。我觉得像你们所做的工作就像有一条线似的，把社区居民的积极性能够调动起来，把居民和社区连接起来，我觉得这点非常重要。

## 专 家 点 评

齐晓瑾
北京清华同衡城市规划设计研究院人文所副所长

从城市规划的角度看，您认为口述史对于街区有哪些重要价值和作用？

从规划角度来说，口述史的目标是贴近人的视角来理解人在街区中的居住、他们的物质和精神的生活，同时也获得关于街区保护和发展的地方知识。另一方面，口述史可以帮助我们理解街区空间的社会性质。

口述史可以帮助规划师建立理解街区的时空框架，把我们看到的事情放到当地的认知视角中获得解释。我们了解街区中的人们在城市中的生命历程，其实也是在从不同的个体经验的角度了解这个城市的历史。不同个体的记忆可以让我们理解城市生态的丰富性，这对规划师的城市想象是非常重要的。在一个拥有多样性的社会中，普通个体会有更好的生活空间。所以说，街区口述史的收集可以成为规划师的一种自我修养。

规划师可以结合自己的关注角度，在访谈人的生命历程中，加入对空间使用、人与空间互动以及空间转变的关注。因为每个人在生命的进程中，都在积累与城市之间的关系。除了建筑空间以外，人对于城市景观、文化遗产的认知和互动，都可以成为口述史的具体话题。

请问规划师在做口述史收集的过程中应注意什么？

热爱城市生活的人会谈到城市生活的领域，我们规划师要做的，就是把我们的专业和别人的生命历程联系在一起。口述史与问卷调查不同，问卷调查的目标是对整体进行描述，是要寻找出客观的东西，而口述史了解的对象是个体的主观认知。在口述史收集中，我们会问到许多在问卷调查中很难问到的细腻的、个人的东西。好的访谈一定是建立在访问者与被访问者之间真实的、人与人之间相互尊重的关系基础上的。所以，访谈者首先要有对地方知识的了解以及对被访谈者的关心。这种了解和关心不应该是空的，而应该是一种真正的感同身受的体会，一种对地方知识的深度的理解。特别需要注意的是，我们不应当把受访者当成可以取出信息的匣子，他们是一个个真实存在的人。进行口述史的访谈者是作为一个人与另外一个人互动，他关怀的对象是人，而不仅仅是事实和态度。

第三章
空间更新

# 咱们的院子——大杂院公共环境提升试点项目

赵 幸 惠晓曦 赵 蕊

过去，老北京四合院里的院落空间是最让人感到惬意的地方，大家庭的公共生活在这里发生，人们消夏乘凉、喝茶聊天、院子是人们融洽交往的承载体。然而，随着人口的增长、加建房的增多，四合院变成了大杂院儿，院落公共空间十分狭窄局促，可又得满足通行、杂物储存、衣服晾晒、排水等功能需求；同时，由于管理责权模糊，房屋老化、院落低洼、地面破损、雨污水混流、墙皮脱落、有价值建构筑物破损等现象十分普遍。老北京特有的院落空间正在失去原有风貌和生活气息。

因此，重新找回院子里的好生活，让院落风貌更完整、百姓生活更体面、邻里相处更和睦，成了责任规划师深入基层社区、同居民协作改善院内公共空间的初衷与目标。

图1 杂物堆放严重的院落空间

2015～2017年，我们以史家胡同风貌保护协会（以下简称"协会"）为平台策划了"咱们的院子——院落公共环境提升试点项目"。通过社区推荐、责任规划师现场踏勘等途径，按照"雪中送炭"和"锦上添花"两种类型，在东四南地区选取了不同规模、不同价值、不同居住条件的7个院落开展大杂院公共空间环境提升试点项目。我们邀请了中央美术学院、北京工业大学、北京市弘都城市规划建筑设计院、北京建筑设计研究院有限公司-B平台、Crossboundaries工作室、OSO建筑事务所6家志愿服务的专业设计机构，与居民一起开展全过程参与式设计。

图2 试点院落分布

（1）雪中送炭类：以杂院为主，主要解决排水、夜间照明、储物等实际问题，改善民生。包括：内务部街34号、本司胡同48号、礼士胡同125号、前拐棒胡同4号、演乐胡同83号。

（2）锦上添花类：针对状况较好的有价值院落，争取专项资金和专业力量，修缮历史建筑、提升院落风貌、落实保护规划。包括：史家胡同5号、史家胡同45号。

在此次改造中，我们运用了一种新模式——居民全过程参与设计、实施与维护。为确保院落设计施工与居民需求契合，责任规划师在其中发挥把控实施理念、对接政府资源、召集社会力量、组织居民参与的作用，牵头制定了包括"前期踏勘、自主报名、参与式设计、共识确立、动工实施、后期维护"共6个环节的全过程公众参与工作流程。目前，7处试点院落已全部实施完毕。之后，又与居民通过反复协商达成共识，建立了小院公约、小院管家、院落公共维护基金等院落空间维护的软性长效机制。

这样小规模、"自下而上"的更新模式不仅为历史街区物质空间的改善创造了机会，同样也为我们推动街区治理创新、动员更多力量参与街区建设创造了机会，得到了居民、政府、社会的多方认可。

内务部街 34 号院："小台湾"进了大杂院——大杂院也有了公共维护基金

院落面积：1300 平方米

人均建筑面积：15 平方米

住户：26 户

主要问题：地面铺装坑洼不平、雨天积水、室外堆物、遮阳板形式杂乱等

改造设计：Crossboundries 设计事务所建筑师周业伦

图 3　内务部街 34 号院号院改造前后

## 一、实施案例

（一）雪中送炭类

　　内务部街 34 号院是"咱们的院子 1.0"选取的 7 个试点院落之一，在项目启动之初，34 号院已多次向社区提出改造申请。我们踏勘时，发现院里突出存在着地面铺装坑洼不平、雨天积水、室外堆物、遮阳板形式杂乱等问题。同时，院内居住着 90 岁以上的老年人、眼睛或腿脚不好的残疾人，坑洼的路面给他们的出行带来困难，尤其是遇到雨雪天气地面湿滑泥泞时。

　　2015 年，我们邀请建筑师周业伦主持这处院落的改造设计。这位来自中国台湾的设计师自接手项目后三天两头就往小院里跑，逐渐和居民们打成一片，收获了一个居民给他的昵称——"小台湾"。带着观察到的问题及居民提出的诉求，"小台湾"秉持着尊重居民生活习惯与既有空间划分的原则，和居民一次次协商改造方案。他重新铺设了地下排水管道、增加多处排水口，并选用透水砖铺地，让院内巷道平整、不积水；拆除院内违建、清除堆物，整理出可供居民交往的院落空间；安装无障碍扶手，方便老人、残疾人出行；采用轻质架构替换原有形式不一、纵横交错的遮阳棚；统一室外储物柜形式，使院落空间更加整洁、精致。院落经过整修后，既解决了实际问题，也保持和诠释了院落内特有的空间氛围。

由于院内住户较多，协调难度很大，因此我们在协调居民需求方面下了很大功夫。动工之前，又在院内开了两次集体讨论会，由设计师、居民以及施工方进行项目对接。施工过程中，除了设计师日复一日地入院指导外，院内居民也贡献了不少智慧。譬如设计师在院内一处垫高的台座上放置一个防腐木制储物柜，院内一位热心大叔就提议应在台座上拉出一道排水槽，可以方便雨水排除，避免积水隐患。

34 号院改造项目带给我们不少有价值的经验。其中居民、设计师和责任规划师不约而同地强调了"沟通"的重要性，充分的沟通不单是空间有效改善的重要保障，更重要的是，通过沟通让邻居们的心更贴近了，为社区自治机制的建立打下良好基础。在施工完成后，34 号院设立了后期维护机制。在协会和社区的组织下，由居民自发协商小院公约，明确院内生活准则，内容涵盖邻里关系、院落环境、设施维护等，并选举出了"小院管家"。同时设立了院内环境与设施长期维护的公共基金，由居民出资 30%，协会负责筹集另外的 70%，在院内公用设施需要更换或修理时，由居民申请提取使用。

（二）锦上添花类　　老北京过去的四合院，最典型的是三进院格局，位于一、二进院之间的垂花门将院落分为内、外两部分。垂花门和正房在一条中轴线上，门内是正房、厢房和耳房，门外是倒座房。旧时人们常说的"大门不出，二门不迈"，"二门"即指垂花门。

史家胡同 45 号院作为东城区挂牌保护院落，至今已有上百年历史，原来是民国时期天津木斋中学一位女校长的旧居，格局基本完好，但年久失修，尤其是垂花门严重破损。"这门早就朽烂了，用油毡布搭着，门上的木头经常往下掉，走的时候得紧跑两步，'冲'过去。"周阿姨是院里的老住户，她唯一的希望就是修一修，"不漏雨不掉木头就行了。"

图 4 史家胡同 45 号院院落改造前后对比

**史家胡同 45 号院：五架梁、博风板、金檩瓜柱——看我们如何修旧如旧**

院落面积：480 平方米

人均建筑面积：25 平方米

住户：7 户

问题：房屋年久失修，尤其是垂花门破损严重

来自北京工业大学建筑与城市规划学院的惠晓曦是责任规划师团队的一员，他志愿负责了这个院落的设计。为修复这处垂花门，他下了很大功夫，先请来学院古建修复的"行家里手"，通过 3D 扫描仪测绘，从残损的建筑中，推测制作复原图，再根据漆片颜色确定垂花门原有颜色。经过专业测绘与严谨论证，最终决定将严重腐朽的垂花门拆除后原址、原貌重建。在修复过程中，尽量保留原有老部件，例如门簪、抱鼓石、条石台阶等，一些无法复位的残件则被编号保存，在史家胡同博物馆中进行展示。当重建后的垂花门经漆工施以了北京传统民居常用的黑红净彩画后，小院顿时焕发了青春。

以垂花门修缮为契机，我们还与居民协商拆除了院内废弃的煤棚和违建，利用腾出的空间划分出不同的功能区，包括种花、种菜以及晾晒衣被。

2018 年末，协会的工作人员对院落进行了回访，45 号院的环境依然保持得非常好。铺地平整干燥，垂花门光鲜亮丽，院内小绿地盛开着月季。居民周阿姨表示，对于院落改造的各个方面都比较满意，下水和铺地的完成度很好，并结合本院经验对第二期院落提升项目提出了注意事项："院落改造是大势所趋，在改造的过程中不可避免地会遇到很多麻烦，一些物件老人家可能不会让你动，在我们院施工过程中，施工队对于不打扰居民是比较注意的。另外，如果需要动用私人水电也需要提前沟通好。"

## 二、难点问题与解决经验

（一）居民动员与
共识建立

在杂院提升的工作中，总会有一些不理解我们的工作的居民。他们有的担心项目是面子工程，有的是不愿意自己的生活被改变，因此对项目和开展工作的规划师、设计师抱有戒备或抗拒的心态。如何取得居民的信任、促使居民全过程参与到项目之中，并最终达成共识，是参与式规划设计成功的关键。

图 5 　随时召集的现场协调会

解决经验：

（1）在项目开展之初即向居民清楚地介绍全过程公众参与的工作方式。明确"民意立项"的特点，强调居民是项目推进的主导者；所有的改造内容都会在居民深度参与的情况下，由居民共同协商确定；所有立项、设计、实施环节也都在居民达成一致的情况下才会向前推进。

（2）设置项目的关键环节以把控工作的进度和质量。基于居民全过程参与的原则，确定了启动动员会、入户调研、设计沟通例会、设计成果展览以及工作坊、施工动员会、完工总结会等关键节点；在每个环节结合实际情况开展"一对一"的沟通或利益相关方共商的会议；为体现工作的严肃性、公平性和透明性，每个环节需各户居民代表签字同意之后才能进入下一个环节，保障了全过程公众参与的深度、细度。

（3）在需要达成重要共识的环节，利用好参与式会议方法，召开各利益相关方共同出席的共识会议。以会议为平台，各方从不同角度公开提出观点和诉求，由此可了解项目整体的情况，理性地看待自己与他人之间的观点差异，从而相互理解、达成共识；友好的协商可使居民逐渐接受和理解不完美的"次优"方案，求大同，存小异；注意发挥党员干部、居民领袖在项目中的带头作用，让"正

**"不甘落后"的北京人：**在改造过程中，我们遇到了一些"难打交道"的居民，他们对责任规划师和设计师态度冷淡，单独沟通时只关注自己利益，不愿意为公共利益做出让步。在这种情况下，我们组织了各利益相关方共同出席的协商会议，请居民依次说出自己的观点，并有意安排院内人缘最好、声望最高的党员同志先发言。党员同志表示，自己愿意先作牺牲，把自家在旁边过道里积攒的废旧建材清理掉，给街坊邻居腾出公共空间。在党员同志的带动下，各户居民也纷纷表态，愿意为公共环境的改善做出牺牲，这样的氛围之下，之前"难打交道"的居民也不甘落后，当场表态同意让步。

**"不完美"的次优方案：**在改造过程中，有一户居民坚持不愿拆除家门口已经废弃闲置的煤棚子。经过协商，大家同意这户可以不拆煤棚子，但必须自掏腰包美化煤棚子的外观。这户大哥的木工活儿很好，于是他亲手为煤棚子加装了木头门、加固了顶盖，又在上面摆放了花草，也成为院内一景。

能量"和"有建设性"的意见建议占据主导地位。

（4）调动居民亲自动手参与到力所能及的工作中，如院落清理、施工与维护等。通过深度投入和亲身参与，使居民感受到大家的共同努力和付出，认识到改造成果的来之不易，从而为院落公共空间环境长期维护奠定扎实的基础。

**（二）与居民互动的院落设计**

每个设计师都有不同的设计风格，每个院子也都有自己特殊的问题。在杂院提升的过程中，如何使设计既能符合历史文化街区风貌保护的要求，也符合居民的真实需求，又能最大限度节约成本，是令改造成果获得各方认可的关键。

解决经验：

（1）统一设计目标，加强方案沟通，由责任规划师帮助设计师把控设计方向。首先，我们制定了目标明确的设计任务书，希望改造能够发挥四方面作用，即"合理利用空间、保障便利安全""美化院落环境、展示文化特色""促进邻里交往、丰富公共生活""开展公众参与、建立自治机制"。在设计过程中，我们每两周组织一次设计师例会，沟通交流设计进展，解决棘手问题，把控设计方向。

图 6　演乐胡同 83 号拆除违建修花园

（2）站在居民角度，设身处地换位思考，"真心换真心"。不论是规划师还是设计师都要深入了解和主动发现居民诉求，在设计中解决他们认为最迫切的问题，如此才能赢得居民的信任，进而使居民认可和支持整体设计方案。

（3）避免陷入"设计思维"，尊重居民的生活智慧，节约成本地解决问题。设计师不必过于追求设计效果，可以借鉴居民的日常的经验，通过旧物利用、简易装置、手工制作等方式解决实际问题，使效果更加富有人情味。

**从"先留着吧"到"拆了也行"**：演乐胡同 83 号院里有一位老人，很少与其他居民打交道，显得有些"孤僻"。他家在院门口的违建占据了公共空间，遭到邻居们的不满。项目之初，老人的态度十分冷漠，不同意拆除自家违建。设计师通过细心沟通发现，老人喜欢下棋、晒太阳，却因为腿脚不便几乎出不了门。于是设计师为老人设计了门前的无障碍扶手、棋桌，并把"公共空间"的理念传递给老人，向老人详细解读拆除违建后可以实现的设计效果。设计师的用心赢得了信任，最终老人同意拆除违建，为院子入口处腾出了种植月季的小花园。设计师"将心比心"的细致考虑让这位看似最冷漠的居民反为院落提升作出了最大贡献。

**"生活智慧"解决实际问题**：设计师在前拐棒胡同 4 号院内设计了一处小花池，但临近施工时却遭到了紧邻花池房屋居民的坚决反对，担心浇花会使墙根受潮。眼看设计无法实现，规划师与设计师正在犯难之时，一户居民找出了自己为养荷花而收集的废旧白瓷洗手池，建议把洗手池沉到地面下作为花池，避免了墙体返潮的隐患，使小花园得以实现。

**从居民领袖到自治机制：**内务部街34号院居民本身关系和睦，有着良好的自我协商氛围。院内一位阿姨威信最高，是小院事务的总牵头人，不仅帮助责任规划师收集居民意见，还协调施工矛盾。小院改造完成后，在责任规划师的建议和阿姨的号召下，又制定了小院公约、选举出小院管家，建立了前、中、后院分工维护的机制，同时还组织各户捐款建立公共维护基金。该院成为居民自发维护效果最突出的院落。

图7　设计工作营：设计师给居民讲　图8　后期维护管理试点申请书签字　图9　小院公约上墙
解方案

**（三）建立长效维护机制**

许多改造项目完工后，由于居民的意识并未改变，往往很快又出现杂物堆砌、环境恶化等倒退现象。为此，我们希望通过公众参与的方式以真正转变居民的意识，强化院落的归属感，形成对院落公共环境的责任感，进而建立长期可持续的院落空间自治维护机制。

解决经验：

（1）充分发挥居民领袖的作用。在设计过程中即与具有较强号召力、公信力的居民领袖建立密切协作，不断为其树立更高威信，使之成为院落环境长期维护的号召者、组织者。

（2）创新制度设计，制定小院公约、选举小院管家、建立大杂院公共维护基金。在本次试点的大部分的小院里，我们都在完工后与居民一起召开总结会，讨论制定了小院公约，作为约束居民自身行为的道德准则。许多院落选举出小院管家，负责牵头组织居民日常打扫卫生，维护院落环境。同时，还以居民捐款和社会组织筹款相结合的方式，为院落建立可自行支配用于公共环境维护的公共基金，为居民自主解决小的公共问题提供资金支持。

## 三、总结与展望

在这次大杂院公共环境提升试点项目中，我们首次尝试了将物质空间的小微更新与社区自治机制的建立紧密融合的工作方法，不仅获得了有目共睹的更新改造效果，更得到了政府、居民、社会各方的广泛认可。作为责任规划师在东四南历史文化街区开展的首个全过程参与式规划设计项目，院落提升试点的成功让我们找到了责任规划师扎根基层的着力点，即以空间问题为切入点，将专业的规划设计手段和社会工作方法相结合，综合、立体地解决街区风貌保护、民生改善、社区治理和文化挖掘等多方面问题，将"一次性"的改造，转化为"永久性"的改变。

2019～2020年，我们正在策划开展第二批"院落公共空间提升"项目，尝试在一期项目经验的基础上，强化居民自主申报等"民意立项"环节，并在有条件的情况下开展共生院、厕所革命、多方筹资、物业入院等空间设计与机制设计的新尝试，通过散点逐步连成面的"绣花"方式，推动街区更新与街区治理创新。

## 居 民 访 谈

唐继梅
内务部街 34 号居民

　　改造过程中遇到的事情太多了。比如刚改造的时候晚上运垃圾，影响门口二中老师睡觉，人家报警了。我就和住里头的老高分工，他负责里面，我负责中间，大家都愿意负责任，协调这些事情。这院子里的事需要求大同、存小异。大家交的都是屋子的钱，屋子外头一尺一寸全是国家的地方，修完了大家都得益。

　　我们生活在这儿，感到改变特别大。我们这儿老弱病残多，以前的地坑坑洼洼，现在把这儿修平整了，感觉真好。特别是雨污分流，原来这个院下大雨根本出不去，修完以后下多大雨一会儿就下去了。改的过程中，也发现我们院能人真多，原来下雨水老往柜子里跑，邻居中有一个搞技术工种的，他弄了个槽，一下问题就解决了。

邵孟君
本司胡同 48 号居民

　　刚开始做院落提升的时候是最艰苦的一段儿，居民不理解。当时责任规划师们做了将近一年的工作，一户一户地做，我帮他们协调各家，深入了解各家的诉求。改造期间规划师给解决了很多问题，像和居民解释透水砖怎么铺、怎么隔水等等，设计方案也是一遍遍地改，大家就从不理解到理解。之前有一家反应非常激烈，恨不得要动粗骂人，最后呢，坐在我这沙发上和规划师道歉。

　　我觉得基本恢复到我小时候住的那种感觉了。通过院落改造，还出现了大家活动交流的空间，现在挺自豪的。

# 专 家 点 评

沈原
清华大学社会学系教授、博士生导师，中国社会学会副会长

请问您对在历史街区里采取这样的工作模式有什么看法？

我觉得杂院提升的工作至少有三个方面的重要意义。

第一，它以低成本的、小规模改造方式改善了居民的生活环境，改善了室内采光，使老人和小孩有活动的空间，并且实现了历史城区文化符号的修复和重建。比如史家胡同 45 号，通过修缮逐步恢复了历史院落的样貌，就是一个很好的例子。

第二，在院落改造过程中得以理顺和调节院落中居民的邻里关系。原来在杂院里，邻里关系发生纠纷往往是无人管理的，有时会积累很深的矛盾。院落改造涉及大家的共同利益，促使邻居们搁置纠纷，坐下来共同协商，这就有利于理顺邻里关系。我们说要构建和谐的社区关系，而院落是胡同、社区的细胞，院落里的邻里关系调整好了，才能夯实良性社区关系的基础。

第三，通过院落改造还能够帮助居民重建和巩固公私领域的意识。大杂院的居民经常为了扩展私人空间，侵占院子的公共空间。基于居民共识的院落改造其实是能够帮助居民明了院落中的空间划界（definition），把公域和私域划分清楚。公共的区域要大家来保护、维持，你只能在你的私域里来活动。所以我觉得，院落调整不是一个小事。透过院落改造，能够让"公共性"的概念在居民中逐步产生出来并在日常生活中得到巩固。

您认为东四南的杂院环境提升项目有哪些特点，和其他地区的项目有什么不同之处？

在史家胡同做杂院提升，要尽量想办法把它的独特的历史传统结合进来，通过院落调整形成城市文化的再生产。史家胡同的文化和我们之前做的前门、大栅栏的文化是不一样的。史家胡同最主要的特点是它的房屋基本上是正规的四合院，过去的居民非官即商，是有社会地位的人居住的聚落，每一个院都有故事。这和前门一带"倒座""三合房"等体现老北京世俗商业文化的地方很不一样。史家胡同体现的是官绅文化，这是它的文化特点，所以在这里做社区工作要有特殊的方法。

住在史家胡同的居民，他们有自己的生活诉求和文化取向。对于参加社区建设，史家胡同的大部分居民一开始可能会比较矜持。但是一旦能够把他们动员起来，他们的参与程度、创造性和行动能力就会非常强。可见，同样是老旧街区，但历史传承不一样，建筑形式（文化符号）不一样，居民的社会结构也不一样。所以需要分片整治，分层治理，有针对性地开展社区建设动员。

刘景地
北京市东城区住建委原党组书记、东城区历史风貌保护办公室原主任

对比大型的项目，您认为这样贴近居民生活的小微项目的重要性在哪里？当时名城委为什么会支持这样的小项目？

长期以来，名城保护工作多是政府在做，多是一些大项目、大空间、大投入，是一个自上而下的过程，虽然取得了很大的成绩，但整体看社会参与度还不高。

东四南项目是东城区名城保护专项资金支持的首个整治类项目。"十二五"期间东城区每年安排1亿元名城保护资金，其中绝大部分用在了文物修缮上。该项目最大的不同，是基于社区营造动员居民和社会单位参与，自下而上地推进街区整治修缮，具有很强的实践性和创新性。只有居民和社会参与进来，这件事才能做得长久，这也是它的意义所在。该项目获得中国人居环境范例奖，说明具有很强的示范引领作用。

北京胡同文化其实是由特定空间下的邻里关系产生的文化，如果广大居民参与进来，没有什么问题解决不了。

您对我们的杂院提升项目实施效果有什么样的评价？您认为这样的项目能从哪些方面进行深化？

项目把院落空间提升作为重点，抓住了街区整治改造的关键，收到很好的效果。"微空间"的提法很现实，就是要在现有条件下去改善环境，提升品质，说白了就是发动居民自己解放自己。从小处、微处入手，按照习总书记的要求拿出"绣花的精神"坚持做下去。

这个项目不是仅限直管公房，还涉及单位自管产以及私房主。我们知道街区风貌不是只由直管公房构成的，即便直管公房全部改造也只完成40%。从这点上讲该项目很有意义，效果也很好。

目前项目已经形成了良性循环，保护协会在社区治理中发挥了重要作用。下一步应主动对接新总规和市区要求，坚持居民参与和品质提升，大胆实践创新。比如如何发挥责任规划师作用？责任规划师首先应该是宣传员，做群众工作的高手，要多听居民意见，多做群众工作，在动员群众中宣传介绍保护规划，在与居民一起解难题中履行好职责要求。

从历史街区保护的角度看，您认为这种杂院提升项目的作用是什么？是否值得在东城区推广？

文化认同是社区治理的基础。胡同文化即是邻里自治文化，院子里的事尽可能让居民自己解决，我们更多是动员引导、宣传解释。东四南的做法是结合历史街区特点和突出问题，提出措施和办法。史家胡同风貌保护协会已经不是只做保护工作了，很多社区事务和政府要办的事，都通过协会这个平台，变成居民自己家的事，实现共治共管共建共享。建立一个机制，比修缮一个建筑重要得多，作用更长远。

东四南的项目极具推广作用。东城区是全市历史街区最多的地区，除东交民巷外都是居住形态的历史街区，有着相同的问题，该项目积累了宝贵经验，值得借鉴和推广，特别是在动员居民和社会广泛参与方面。

# 再造生活美学——胡同里的微花园

侯晓蕾　王虹光　赵幸

图1　北京老城胡同里随处可见的自发微花园

　　走在老城的胡同里，满满的人情味儿扑面而来。我们会不自觉地放慢脚步，去体会那宜人的空间尺度，欣赏婆娑的树影在墙面、地面晃动，观看大爷们摆下的棋局，甚至可以和坐在院门口的大妈们拉拉家常。此外，胡同里还有个景观必然不能错过，那就是院门口、窗户下、拐角处的一簇簇月季、一盆盆死不了、一串串豆角花。虽然花池可能是碎砖搭起的、花盆可能是生锈的脸盆替代的、浇灌系统是用废旧水瓶串接的，但那盎然的生机和斑斓的色彩，以及脑洞大开的废物利用创想都给胡同增添了独特的活力，也充分体现出居民们对生活品质的美好追求。这些居民自发营造的小绿植环境，我们称之为"微花园"。

　　"微花园"虽小，却丰富了胡同的景观环境和居民的生活。不仅如此，它还是北京胡同生活传统的一部分。胡同居民自古就有种植花草的爱好，精心挑选符合北方气候、具备美好寓意的植株，营造出独具特色的人文绿化景观——四合院内种植石榴、海棠，象征家庭兴旺；门外种植国槐，象征吉祥如意；墙根、窗下的狭小土地亦以小灌木和草花"见缝插绿"。这些景观也是老城历史文化的组成部分，应得到重视和保护。

图 2　统一改造后的胡同花箱景观

随着城市建设减量提质时代的到来，"留白增绿""见缝插绿"成为环境品质提升的一个重要手段，大尺度上规划"城市森林"，小尺度上增设"街角绿地"，在小街小巷中则排布花箱。绿化的增多令人欣喜，但也留下了小遗憾，即前文所述的居民"微花园"往往被整齐划一的景观所替代，一溜溜花箱从头至尾均匀地排列在街巷两侧，夏日景观单调无趣，冬天更显干枯消沉。同时，每年一度的绿植采买费和维护成本颇高，给街道、社区带来一定的压力。

对"微花园"的珍惜和目睹其流失的遗憾，给了我们开展"胡同微花园"项目的原生动力。通过与居民和专家的聊天、讨论，我们的想法渐渐成型，即和居民一起开展胡同"增绿、保绿、优绿"实践，通过适当的艺术和设计的介入，提升居民自建的"微花园"品质，但又保留各家各户原生的特点，延续老北京的味道和传统的生活方式。参与式设计的实践形式，不仅可以让园林知识和艺术深入寻常百姓家，提高大家的生活乐趣，加深对胡同四合院的景观特色和价值的认识；还能调动居民的积极性，自觉自愿地美化和维护公共空间，上下协作，共同探索老城景观复兴与营造之路。

总之，微花园的"微"不仅指尺度、规模的"微小"，更体现出从小处着眼、开展城市街区"微更新"的理念。

## 一、观察——北京老城的微花园 Mapping

自 2014 年，中央美术学院师生们开始运用 Mapping 观察和研究方法，在东四南、白塔寺、景山、大栅栏等街区，用测绘、摄影、绘画等多种方式记录这些生命力旺盛的"微花园"，并分析解读它们的空间形态、材料与容器构成、植物组合方式以及生成原因和生长状况等，至今已经纪录分析了近 300 个，大家逐步对胡同的绿色景观有了熟悉而深刻的理解，总结了 3 个主要特点：

（一）因地制宜、
形态多样

现状胡同及院落内的空间大多很局促，居民们的微花园因地制宜，有的场地规整，有的处于夹缝中，有的只占天不占地，空间形态十分丰富。我们大致将其分成 4 种类型：堆叠型——整个微花园或局部由植物容器堆积而成，以节省空间；悬挂型——大多在窗户附近悬挂花盆，使植物保持在视线范围之内；条带型——多是沿胡同墙根摆放花盆或栽种植物，不影响交通；爬藤型——大多为贴墙搭建的花架，种植藤蔓植物，有遮阴作用。

（二）本土植物与
实用性植物比例
高

北京四季分明，春花、夏绿、秋实是理想的种植历程，微花园同样如此。每到收获的季节，胡同微花园往往结满了丰硕果实，如葡萄、石榴、豆角等。除了瓜果，一些兼具观赏性的草药植物也很受欢迎，而漂亮皮实的月季花等更是居民的最爱。邻居之间互送尝鲜、交流种植心得，为狭窄的公共空间增添了温馨亲切的氛围。

（三）旧物利用、
维护成本低

居民大多选择好养易活的植物，对种植容器不甚讲究，微花园的"花盆"常是回收利用的旧脸盆、泡沫箱、旧水桶和矿泉水瓶等。正是这种不拘一格的形式，让胡同的景观充满了生活情趣。用低造价、低维护成本营造出的美好绿化环境，充分展现了老百姓的智慧。

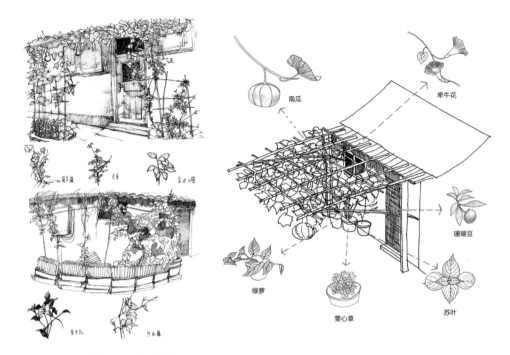

图3　记录观察和测绘（Mapping）的微花园（李师成、孙昆仑 绘制）

图4　微花园的容器（李博、崔琼 绘制）

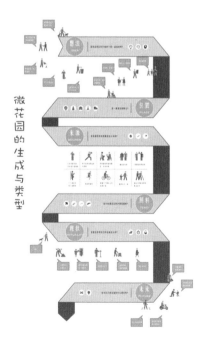

图5　微花园的生成与类型（李师成、王若飞 绘制）

## 二、孵化——微花园展览和工作坊

在调研微花园的过程中，我们采访了很多居民"园丁"，发现他们往往热爱种植、热爱生活，但只把种花种草视作日常爱好，觉得自己不专业、做得很随意，不好意思将其称之为"花园"。但在我们看来，艺术实际上是生活方式的呈现，来源于生活的艺术才是真正的艺术。"微花园"不仅是近乎艺术装置的空间营造，而且非常环保、生态。因此，我们希望将学校里的艺术美学与居民日常生活相结合，建构起居民能理解和接受的生活美学，在未来的生活中加以运用。

自2015年起，中央美术学院师生与责任规划师团队合作在朝阳门街道持续举办了一系列与微花园主题相关的展览，以提升居民营建小花园的知识和兴趣。展览展示了我们逐年以摄影、绘画和视频方式记录下来的微花园，并采用扎针底图和动态问卷等互动方式收集居民的意见建议。通过展览，居民们自主绿化的努力得到了肯定和鼓励，对自己的微花园越发充满信心。

从2017年起，我们在东四南街区举办了"再造生活美学——旧物改造盆栽"系列活动，以实操的方式和居民共同探讨生活美学。在责任规划师、风貌保护协会的组织下，居民带来自家的旧物，

图6 旧物改造盆栽活动场景

和中央美术学院的学生们进行一对一设计，将旧物搭配植物，改造成漂亮的盆栽。在其乐融融的活动过程中，居民会向我们介绍旧物背后的故事，而我们会向居民普及关于造型、色彩等方面的知识。

调研、展览和居民活动加深了我们和居民对彼此的了解，居民对微花园也有了新的认识，对自己周边的环境更加关注，对进一步提升胡同环境有了很强的意愿。

**樊阿姨的小花园**

在史家胡同中段居住的樊阿姨，门前有一片用大大小小的花盆拼成的"微花园"。我们邀请她参加微花园设计提升活动，没想到，她毫不犹豫地拒绝了："我已经设计好了！你看，这里是碧桃、牡丹、秋葵花、芍药、月季、玉簪、菊花……你们再进屋看，这是桂花、文竹、柠檬树，我都养了四五年了，冬天还开小百花呢，你闻闻，多香！"

话匣子一打开，樊阿姨接着讲起照料小花园的心得："我喜欢能开花的，从春天到秋天，这块地方老有花在开着，没开着的花，大绿叶子也很好看。我家里有病人，不能出门，看着这些心里高兴。"

"那您喜欢牵牛花、死不了吗？这些花又好活、又好看。"

"不喜欢，太普通了，没特点。"

"那扶桑、牡丹呢？"

"这两个花喜阳，不适合这里。现在冬天阳光好，等树叶长出来，这块完全在阴影里。没办法。我还得用黄豆沤肥，给花浇上。"

越说越高兴的樊阿姨俨然是位种植专家了。我们连连感叹，又忍不住想，我们还能为她做点什么呢？在这片凝结了樊阿姨的心血与骄傲的小花园中，外人的每一分努力，都仿佛是画蛇添足。

忽然，来自北林的聂蕾同学说："阿姨，您知道铃兰花吗？又喜阴、又好看！"

阿姨的好奇心果然被牵起来了："什么样？你给我看看。"

看了网上的图片，阿姨有点不好意思地说："像小铃铛似的，真的挺有意思。你们要是送我一盆，我可以试试能不能养活。"

现在，这盆小铃兰还在樊阿姨的精细照顾下慢慢成长，我们共同期待着它开起花来的一天。

## 三、实践——微花园参与式设计与共建

在前期的展览与盆栽制作活动中，我们逐渐积累了一些经验，2018 年下旬，我们开始举办微花园设计工作坊。我们邀请居民对自己的微花园进行优化设计，协助他们绘制图纸，然后用废纸板、旧毛线等旧物搭建小模型，直观展示设计效果。结合之前对居民的了解，设计时特别注意保持每个小花园的特点，使其依然带有居民自己的风格。

2018 年底，通过居民自愿报名的方式，我们选定了几个小花园准备付诸实施。为了确保效果，我们依然先采取工作坊的模式，将之前的设计方案从实施角度再一次进行优化，专注空间造型、植物配置、雨水利用和节约能源等方面。同时，我们本着"旧物利用"和"做减法"的原则，请居民将堆积在各个角落中的旧砖瓦、旧盆罐等重新利用。这样一来，微花园在美化环境的同时，还可以置换出很多被侵占的空间。

图 7　改造后的微花园（刘欣、苏春婷 绘制）

图8　老时光花园改造前后

　　方案确定后，我们和居民一起动手实施，在过程中又不断调整、改进。因为是自己动手完成，又多是利用的家里的老物件，所以居民对成果有种特别的自豪感并十分珍惜。2018 年到 2019 年，我们和史家社区的居民一起，共同实现了多处微花园的改造提升。

（一）老时光花园　　　　旧器物和老物件是老时光花园最有特点的部分。花园的主人是75 岁的许璜老大爷、老伴刘永杰及小孙子。刘阿姨平时喜欢外出运动锻炼身体，而许大爷则在家负责做饭打理院子并接送孙子上下学。院子里有一棵柿子树，还有零零散散的一些小盆栽，同时还有很多废弃物，如腌菜的坛罐、胡同老砖、旧花盆、鸟笼、废弃玻璃与旧马桶等，另外还有一个废弃煤窖。

　　通过一番艰苦的整理工作，我们拆除了煤窖，腾出的空间摆上经过时间洗礼的坛坛罐罐，搭配相应的花草和蔬菜，又添置了木质的搁物架将这些"花盆"摆放好，在柿子树下放置了小板凳。院子一下就清爽、舒适了，而那些老物件的利用，使得院子既不失浓郁的生活气息，又赋予年代的记忆，让人沉浸、品味。

图9 墙根儿花园改造前后

（二）墙根儿花园

墙根儿花园位于胡同侧边的一条窄巷里，长约 20 米，贴着墙的土壤进深只有不到 80 厘米。居民用竹竿搭了简易的架子，种上了攀爬型的果蔬，同时也堆放了不少杂物。院里的宗阿姨平时就喜欢侍弄花花草草，不管是院里院外都收拾得井井有条。她参加了微花园系列展览、手工活动，对旧物利用、生活美学再造等理念十分赞同，主动为方案设计出谋献策："这些空的花盆都可以用，不够的话院儿里还有，我平时顺手攒了些砖和瓦片。哦，还有闲置的酒瓶、菜篮、电饭煲内胆这些，你看看，有用的话都拿去"。

通过场地分析，我们决定以大面积墙体为依托，将花池与花架结合起来设计，实现软硬相间、错落有致的效果。首先是对现存花池进行修复性设计，我们选择与胡同院墙一致的灰砖，结合场地内的闲置瓦片，以镂空花样砌筑成花池，不仅材料细部富有趣味，还为居民提供了休憩、聊天、置物的空间；其次，我们决定配合居民长期延续的置物习惯，在墙壁上增加置物搁板及木格栅花架，让收纳空间与绿色环境融洽共存；此外，我们还保留了居民用竹竿搭接的种植池，增加部分适地花木，营造一种"花枝半倚墙，园畦多种瓜"的闲适生活场景。这处花园位于胡同的公共区域，每天都有街坊经过，也常有老人和孩子来遛弯儿、聊天。微花园的提升带动了周边居民的热情，大家纷纷主动琢磨如何提升自己身边的景观绿化。

图 10　空中雨水花园改造前后

（三）空中雨水花园

空中雨水花园非常有特点。它不是一个地面上的花园，而是一处居民楼地下室上方的"屋顶花园"。住在一楼的秦叔叔平时很喜欢钻研设计、动手改造，家里有各种各样的工具，随时都可以给花园"做一件新衣服"。除了要让花园漂亮，还要做到节约环保。"空中花园"位于地下室的屋顶，秦叔叔使用了回收材料搭建，轻巧又坚固，可以承载大重量且不会给屋顶造成过大压力；植物也多选择耐阴好养护的，有些植物可以室外越冬，减轻了冬天搬花的负担。"我希望能把夏天的空调水和雨水利用一下，看看能不能收集起来浇花，这样既生态又环保。我这已经有一个自己做的收集雨水的管子了，雨水可以顺着屋顶流到我这个管子里又流到我这个桶里，最后我用这个水浇花，特方便。"花园形成了三层跌落式，视觉上丰富了景观层次，自动浇灌的装置也使得小花园做到了生态上的可持续。

**有困难，也有收获**

为了提升种植的成活率，我们把微花园的改造时间定在了春天，没想到一连几天都刮风下雨，设计师与居民披着雨衣，冻得瑟瑟发抖，但坚持移植盆栽、安装搁架等，冒雨将微花园从图纸变成了现实。大家相互鼓励："春雨贵如油，赶上这场雨，咱们的花一定长得好，花园一定能越来越漂亮。"果然，雨过天晴后，微花园引来街坊邻里和游客的频频点赞，还有小朋友拿着儿童相机，一定要跟每个微花园合影留念。

## 四、方法与经验

微花园尺度虽小，但事情不小，通过微花园项目我们希望在美化环境的同时，激发居民参与公共事务的热情，积极主动维护公共空间环境，形成邻里和谐的氛围。结合这几年的实践，我们归纳了微花园的工作方法，以供更广泛的景观微更新实践参考。

（1）做好前期铺垫与准备工作。以走访和工作坊形式和居民充分沟通，了解花园背后的故事，在尊重居民意愿和建议的基础上提出优化建议。

（2）建立机制，确保居民是全过程自愿参与、深度参与。前期策划、现状分析、方案设计、实施监督、后期维护的各个阶段的情况，居民都应该充分了解并参与其中，每个阶段要签署居民同意书后方可确定继续推进。

（3）注重征求意见建议并归纳总结。在工作开展的每个环节，都注意以访谈等方式收集居民诉求和建议，及时吸纳改进。

（4）强调改造的低成本、可复制性。鼓励居民利用旧物、自己动手，不仅将每处微花园改造成本控制到最低，更体现出每处微花园的个性与情怀，增加了试点改造对于街区其他普通居民的示范价值，提升了项目的可复制性。

（5）多手段激发居民参与的积极性和协作精神。针对微花园参与过程、实施效果进行评比，设置最佳设计奖、最佳协同奖、最佳概念奖等有针对性的奖项，激发居民自信心和社区自豪感。

（6）在项目培育过程中即着手为后期维护做准备。注重挖掘社区能人并建立"花友会"等社群组织；探索由社区自组织牵头制定、社区居委会监督执行的微花园认领、认养以及景观维护机制。

## 五、总结与展望

北京老城的这些微花园看起来不起眼，却是一个个充满生机的空间，承载了主人的生活态度，激发了生活仪式感和空间叙事感。它们最大的特点应该是"亲切"，是老百姓日常生活的一部分，而不是一种高大上的摆设。因此，微花园项目是一种思维方式的转变，即我们更多地关注人的生活方式、人与场地的关联感，而不是千篇一律地生搬硬套某一种风格或者全盘更改。同时，微花园提升的最终目的不单是通过设计让一个地方变美，更是激发居民热爱美、创造美、维护美的意识与动力。通过这个项目，我们可以看到，公共空间品质与其造价或尺度并无直接的联系，一些微小、极轻的介入，如果方法得当，也是对城市问题的一种有效的回应。

我们的城市中有很多微空间，处处都可以成为微花园，花园虽小，但当其达到一定数量后，就能起到意想不到的"规模效应"。因此，我们将持续开展研究与实践，探索一种源于生活、顺应民意、回归美学的绿色景观微更新途径，并致力于将其推广至更大的范围和尺度。

宗秀英
史家胡同居民（曾参与"微花园"项目）

　　以前我住楼房没有条件，有了院子后我就爱种东西。院里本来没有树，我种了石榴树，买点花摆在窗台上、北屋里，我觉得亮眼、高兴。到冬天买点菊花，到春节买点蝴蝶兰，我儿子知道我喜欢，每年都给我买，还有金桔什么的，可热闹了。门口我也种了辣椒、种了瓜。到了结果的时候我儿子爬上房去一看，跟我说："妈，又是一个大丰收。"心里挺高兴。有的时候长出来就被街坊拿走了，我觉得也没事，谁吃不是吃，但是我希望你跟我说一下，我可以送给你。

　　当初我不想做微花园，怕麻烦。但是原来乱七八糟的地方，现在这样一弄还挺好看的。让我自己做肯定没有这么漂亮。大家都来看，都挺喜欢。我就每天浇水，这么点钱我还出得起，因为大家做得很辛苦，花也漂亮，我很珍惜。现在冬天了，有的就一季的花都没有了，有点可惜。我儿子说那现在怎么布置，我说你别管。我家有好多小动物玩具，社区以前发的，每年一个的红色小动物，都很新。我想到春节的时候，给它们裹上透明塑料袋，挂在架子上，加上灯笼什么的，就显得热闹了。就是怕被风吹掉了，还没想好怎么解决。

　　现在的胡同刷墙、放花箱，我数了数，一个花箱最起码 20 棵花，一条胡同得有多少花箱，得多少钱，每年栽好几次也不活，这不都浪费了。所以街道应该有个专门懂规划的人，如果有专业的人能长期在这儿，在这几个社区都逛逛，根据居民生活实际把这里规划好，那样就好了。

# 专 家 点 评

刘悦来
同济大学建筑与城市规划学院景观系学者

是什么促使您启动社区花园实践？在中国社区花园实践的发展过程中您有怎样的体会？

作为一个景观设计师，我的研究方向是可持续景观。在做博士研究的时候，我研究了国内外的许多案例，发现在一些发达国家，community garden（社区花园）等社区参与式景观已经慢慢出现并普及了。我的博士论文的最终结论就是一个地方的景观如果想要达到可持续发展的状态，一定要有一个自下而上的社区参与机制。社区居民并不只是想看一看，或者是简单地用一下。在这样的社区花园里，从景观空间的生产到维护运营，都要由社区居民来进行。

十几年前中国关于社区花园的研究虽然没国外那么多，但其实一直有相关实践。比如原来大家住单位大院的时候，许多居民自己会种菜，种一些小花园等。这些民间的自发实践，我觉得我们跟国外是一样的。但是原先大家种的花园菜园主要是私人使用的，当然会有一定的环境美化作用，但肯定还没有达到一个公益的状态。而现在我们这些有组织的社区花园，它的主要出发点就是公益，所以它一定不是封闭的，而是一个个开放的共享的花园。这是一个重要的变化。

原来自发形成的这种小菜园、小花园，经常是不受政府支持的。所以原来的工作方式经常就是直接拆掉，成为一种"堵"的状态。现在来看，当我们找到一种更加公共的、更加开放的、共享的方式来引导这些花园之后，它们就能够成为一个地方公共场所的精神的一种体现，可以帮助大家形成关于公共利益的共识，慢慢它就会变成公共治理的一个抓手。

您在上海进行了许多社区花园的实践。对比北京和上海，您认为实现社区花园的环境（条件）有哪些不同？

第一就是地理和气候的差别，这是一个本质上的差异。在上海的 11 月，我们种的菜园或者做的一些花园，都还保持着绿色，在冬天看起来也还不错。在北京初冬季节很多植物就已经落叶了。所以从视觉空间上来讲，包括植物的越冬养护，对北京来说都是一个难点。

另外一个层面就是城市空间的差异。上海的社区花园大部分在小区中，这和北京的胡同空间不一样。胡同是开放性的，大家都能够走进去。但是在上海，我们做的项目当中有相当一部分是在封闭和半封闭的小区的。在这种小区中，居民会觉得这就是我们小区，别人不能随便进。所以居民的团体感、领域感、归属感会比较强。

在您看来，胡同微花园下一步发展应该是怎样的？

北京胡同的空间比较小，是"螺蛳壳里做道场"，空间的碎片性非常强，而且还有各种产权限制。所以在微花园的空间利用上，我觉得需要更加立体化，把一些"缝隙"里的地方用足。其实北京居民中已经有一些很有智慧地利用植物天性的实践，比如我之前看到有个地方种了几颗小葫芦，它从非常小的一个地方就能爬满整个山墙。这也是利用了植物的天性，我非常赞叹这样的设计，我们也应该向他们学习。

另外一个方面就是要重视机制设计，比如制定公约、建设维护团队等。我们在上海的观点就是一定要形成当地的"花友会"。有一个在地的社团组织去实现自我管理，这样的社区花园才是可持续的。花友会主要负责日常的管理和养护，包括需要学习一些养护的技术，以及申请经费、宣传等等。社区花园最重要的还是要能真正长期地落实下去，不能只是一个展览。要能产生对居民可持续的影响，形成一个稳定的模式。

# 留 住 温 馨 的 菜 市 场

刘静怡 刘 伟 侯晓蕾 赵 幸

## 一、缘起——从为什么要留住菜市场说起

在很多人的记忆里，这样的一幕幕仿佛就在昨天：大清早，爷爷奶奶们拉着家常儿去菜市场给全家买食材；放学后，孩子们跟着家长边买菜边逗鸡弄鸭；逢年过节，则会全家出动兴高采烈地去菜市场采办年货。在很多人心中，菜市场不仅仅是买菜购物的场所，也是休闲娱乐的场所，它们记录着一种生活方式，承载着几代人的记忆，展现着属于老百姓的市井文化。

北京曾经有过很多表情生动的菜市场，但是，随着城市发展、地价上涨，它们好像成了低效落后、环境脏乱差的代名词，越来越无法在寸土寸金的城市中心区立足，逐渐被各种超市、菜站所替代。1994 年曾日接待 5 万顾客的西单菜市场拆除；1997 年有近百年历史的东单菜市场拆除，2010 年北京最有名的崇文门菜市场拆除，2014 年二环内规模最大的四环菜市场拆除。根据北交大盛强老师的统计，2005 ~ 2015 年三环内有 60 多个菜市场消失，2016 年全市疏解清退了 117 个传统市场，2017 年拆除了 241 家菜市场。钟楼菜市场、天陶广大市场、宫门口菜市场、隆福寺早市、西苑早市、团结湖早市，这些曾经如雷贯耳的名字都再也找不到了。

面对这种变化，社会上出现了两种态度。有些市民认为，无论菜市场还是超市、菜站，最重要的是食材要新鲜、健康、安全，且价格合理，环境舒适、交通便利。但还有相当一部分市民则更看重菜市场的丰富性和烟火气。他们认为菜市场除了售卖食材还通常兼具洗衣、修表、配钥匙等便民功能，而这种一站式的服务，给孤寡

老人、残疾人、病人等特殊人群带来极大便利；另外，菜市场更具人情味儿，采购时可以和邻居、摊主随意聊聊天儿，大到世界形势，小到菜品质量，关系处好了买卖双方能成为朋友，在这里能感受到城市里最生活的一面。因此，有市民表示曾因喜爱的菜市场被拆除而大哭一场，感到曾经的记忆与情感都被抽去了。

从城市规划者的视角来看，菜市场作为城市中展现市民生活与文化的鲜活场所，如果就这样全然灭失，那将切断一节历史，丧失一种生活形态，给城市的文脉传承和城市的活力塑造带来伤害。由此，我们有了一种冲动，即能否找到两全其美的办法，让菜市场既能存有人间烟火气，也能随时代发展进行迭代更新，让这座城市活力与时尚并存呢？从 2015 年起，我们开始对菜市场的发展路径、现状生存状况等开展了调研，探究其存在的问题及消失的原因，并积极探索菜市场留存和品质提升的路径，尝试为城市存量更新工作提供实践案例。

## 二、探讨——菜市场到底怎么了？该如何留？

为探寻菜市场相继被关停的原因，我们对众多被拆除的和现存的菜市场都进行了实地踏勘，走访了附近的居民，同时以问卷、座谈会等形式征询公众、相关部门和专家的看法和意见。通过调研了解到，除早期让位于地产项目外，菜市场消失主要有以下几方面的原因：第一，菜市场相较于其他商业付租能力低、竞争力差，所以多位于临时建筑、违章建筑内，或租用非商业用地非正规使用，因此一旦开展环境治理等行动，很容易首当其冲被纳入拆除的范围或遭到关停；第二，因菜市场的业态范围广、对经营环境的要求较为复杂，不稳定的状态导致产权方不愿意花资金改造以达到规范的要求，导致违规经营的现象比比皆是；第三，菜市场的管理部门涉及商委、工商、食药、消防、动物检疫等，针对市场的各项要求各部门规章文件尚未及时同步，很容易导致规范达标陷入死循环或单向指标不达

一个又一个菜市场轰然倒下，高楼拔地而起

图1　2011年，北京崇文门菜市场拆除（天高云淡　摄）

标而影响整个市场的经营；第四，由于以上原因，正规经营者不敢轻易介入，更不敢大量投资，只有灵活性更高的个体商贩参与，但也常常缺乏规范性，造成了治理的反复性问题。原来北京很受欢迎的四环润德利市场、钟楼菜市场、隆福寺早市等皆是由于以上原因被拆除，令人惋惜。

此外，我们针对国外的优质菜市场也进行了深入的调研，以期从中学到可参考借鉴的经验。首先，我们发现很多国外的菜市场不仅没有被贴上脏乱差的标签，反而是代表城市的名片，成为旅行者必到的打卡地，比如加拿大多伦多市的圣劳伦斯市场、荷兰鹿特丹市的拱形市场等，圣劳伦斯市场在2011年曾摘得美国《国家地理》杂志"全球最佳食品市场"桂冠，每年吸引几十万世界各地的游客参观；其次，菜市场能够为城市创造可观的经济效益，甚至还因其灵活性在经济危机的时候充当润滑剂，比如美国西雅图的派克市场在2002年收入8700万美元、创造400万美元的税收；另外，菜市场还是家门口充满人情味的社区会客厅，是激活社区的情感纽带；同时，它还代表着最时髦的健康生活理念，如各种有机、自制无添加的食品和低成本、高水平的社区服务。

那么到底如何让老菜市场继续承担为居民服务的功能，并成为城市中充满魅力的新吸引点呢？通过调研分析，我们初步得出以下几点：首先，随着人们生活水平的提高，对于包含食品售卖功能的菜市场来讲，各项硬件设施要升级且内外环境及摊位均要保证干净整洁，以符合标准规范；其次，在功能上也应尽可能跟随时代需求变化而更加丰富，除了柴米油盐蔬果肉蛋等零售以及之前的洗染、维修等功能，还可增加如面包店、咖啡馆、书店、理发馆等；同时，针对菜市场的外立面、室内环境、各类型摊位等，应结合地域风貌、原有特征及时代审美等进行设计包装，以创造愉悦的购物环境；最后，提升管理水平，这对于菜市场来讲是至关重要的，包括保障市场经营秩序、消防安全、食品安全等。

图2　圣卡特琳娜市场改造前后（图片来源：MVRDV）

**西班牙圣卡特琳娜市场改造小故事**

　　位于西班牙巴塞罗那旧城内的圣卡特琳娜市场距今有百年历史，市场日益破旧，地区环境质量也逐年恶化。为了给老市场谋求新出路，当地政府举办国际设计竞赛，帮助它进行升级改造。建筑师对菜市场内部环境和周边都环境做了整体提升，解决了交通问题，又给老市场罩上了一个彩色的马赛克大盖子，起伏多变的形态和活泼跳跃的色彩使之与周边历史街区形成有趣的对比，该市场一跃成为各大旅游手册中巴塞罗那必去的热门景点之一，更成为带动周边发展的活力触媒。

## 三、行动——菜市场改造实践探索

纸上谈兵之后，2015 年和 2017 年，我们抓住两次机会，真正参与到菜市场的改造实践中，获得了更多的第一手宝贵经验。第一次，针对位于大栅栏地区的马上要被关闭的天陶广大市场，我们号召设计师、摊主和居民一起做了个新型菜市场的试验，验证关于我们对菜市场的改造设想是否可行；第二次，我们搭建平台，与政府、高校、商业机构共同改造了一个真正的菜市场——朝内南小街菜市场，试图让它重新焕发活力。

（一）天陶广大市场实验——菜本味市集

天陶广大市场是大栅栏地区唯一一个菜市场，在 2015 年 8 月中旬市场被通知月末关停。该市场有近 150 个摊位，大部分摊主为外来务工者，市场售卖蔬果、肉蛋奶禽、服装、日杂等货品，因食材新鲜、价格便宜而深受居民喜爱。但是，该菜市场的货物运输给胡同交通造成了不小的压力，且周边游商聚集，建筑形式与历史街区传统风貌也不协调。但这个菜市场又位于居民密集区和商业街连接处，除了服务本地居民外也吸引了很多游客，如果进行恰当的改造应该能成为一个好的社区服务设施和文化展示点，带动街区的活力。于是，我们联合在地社会组织、居民、摊主和设计师，在北京国际设计周期间以市集形式，呈现我们对未来菜市场的美好设想。大家一起为市集设计，包括在常规的普通菜摊位基础上增加净菜售卖摊位，增加邻里配送、现场餐饮，以及饮食文化书籍和音乐展示和以食材为原料的文创产品售卖等，同时还为市集设计了统一的"菜本味"主题标志，对市集的宣传海报、工作围裙等在配色、图案等方面都进行了统一设计。

这是一次用实践验证理想的成功试验。本地居民对解决实际需求的普通菜和净菜分开售卖、邻里配送很感兴趣，但要求菜价经济实惠；而外来的年轻人、游客则对创意十足的食材文创产品、现场餐饮等更感兴趣，并且可以接受较高的价格。由此可以看出，如果做

**居民、设计师和摊主对菜市场说的话**

● 社区居民张大姐：跟朋友一起搭伴去菜市场买菜是一种生活乐趣，向固定的人买菜是一种默契。

● 社区居民、社工祝大姐：天陶是我们每天生活的一部分，市场简陋、嘈杂、热闹，跟摊主讨价还价，买到鲜菜等生活必需品，感觉非常方便。希望以后建的菜市场能够干净整洁，菜鲜价廉，离我们近些，出门就能买。

● 设计师雪学：菜市场是小时候坐在姥姥的手推车里看世界的美好回忆。

● 水果摊贩陈大哥：对菜市场很有感情，从没结婚到现在孩子11岁都一直在菜市场卖水果，已有十几年，来买水果的都是老客户、街坊邻居，互相之间都很熟悉，与周围商贩、居民都产生了很深的感情。

● 菜摊摊主李大哥：菜市场再怎么发展也是因为人的要求越来越高，对于我们就是尽量满足人们的要求，不断改变提高经营思路。

图3　天陶市场关闭前（伦天洪　摄）

好创意与传统两部分的结合，对菜市场的经营方而言，可实现资金的平衡与互补，由此可让新型菜市场具有了既接地气又高大上的商业可能。本次试验是一次多方参与的无间合作，设计师们因为一份热爱而无私奉献，社区居民则充分感受到了菜贩为生计奔波的辛苦，菜贩们虽然因市场关闭面临返乡或重新就业，但却借此活动收获了比以往更多的来自居民的温情。这也让我们看到，只要利益相关方共同携手努力，一定能找到菜市场未来的方向。

图 4 "菜本味"市集

（二）朝内南小街
菜市场升级改造

2017 年，东城区商委启动了一项计划，由政府和市场经营方各出一半资金，对一批老菜市场进行升级改造，朝阳门街道邀请我们和文创机构熊猫慢递共同对辖区内的朝阳门南小街菜市场进行改造提升工作。考虑到菜市场的综合性，我们又邀请了中央美术学院侯晓蕾团队和北京林业大学郭巍团队联合担纲主设计，以及下厨房、穷游网、不是美术馆等商业机构共同参与。

鉴于该项工作涉及面广，我们先与各参与方进行了一轮沟通，以制定有效的工作机制。经过问卷、走访、一对一座谈等，对各方诉求有了初步的了解：东城区商委要求加入更丰富的业态将菜市场打造为便民服务综合体；朝阳门街道要求通过改造减少属地管理负担；菜市场产权方希望改造期间尽可能不影响正常营业；策划和设计方希望在提升硬件设施水平的基础上给传统菜市场注入时尚气息和文化内容；摊主希望改进摊位设计，但不要因改造而涨摊位费；居民则希望进出便利、环境舒适但不要因此涨价。鉴于此，我们建立了由责任规划师统筹协调的工作机制，责任规划师、街道、产权方和设计方均要定期进行现场踏勘并实时交流意见和建议，街道、产权方和设计团队两周开一次沟通会，通报各方的工作计划和方案，大家共同研究、确认。有 3 个重点：依据资金情况进行设计，避免超支或不合理分配；做好工作计划，倒排时间，确保每个团队都能按时间表完成各阶段工作；明晰各团队的任务，无法完成的或不确定能完成的，要在第一时间表达，然后寻找替代方案，避免后期出现麻烦。

图 5　菜市场改造前（室外）　　　　　　图 6　菜市场改造后（室外）

图 7　菜市场改造前（室内）　　　　　　图 8　菜市场改造后（室内）

朝内南小街菜市场是北京市核心区中为数不多的传统市场，位于东四南历史文化街区内，其建筑前身是"北京电热器厂"老厂房，隶属于北京鑫京热电器有限责任公司，菜市场也由其管理。2000 年，北京市政府按照规划要求提出的露天菜市场"退路进厅"，将厂房改为了朝内南小街菜市场，将南竹竿早市的商贩和周边散贩一并迁入。2006 年即奥运会前夕，作为菜市场的原厂房被拆除并按菜市场规范重建，升级改造为北京市第一批"规范化菜市场"，地上两层、地下一层（闲置状态），总面积约 3600 平方米，摊位 120 余个。由于距离上次改造已有十年时间，菜市场的各种问题也多了起来，包括：硬件设施老旧，安全隐患大，如空调、灯具等电器设备破损；整体清洁度差，整体面貌不佳，如摊位老旧、地砖墙面脏、角落堆积灰尘；管理欠佳，如摊主侵占公共空间、货品堆放杂乱；同时由于经营模式的单一和传统，经营受到附近超市的巨大冲击。

通过调研协商，几方联合确立了 3 个目标：第一是通过硬件设施改

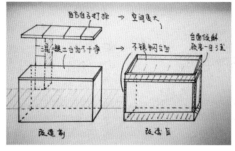

图 9 摊位改造前后对比图　　　　　　　　　图 10 居民与菜市场外墙墙画合影

造、环境卫生整理、功能完善和管理升级，使其成为一个合乎规范、品质优良的菜市场；第二是注入文化元素，让这个位于历史街区的老菜市场彰显独特的魅力；第三是在改造过程中，为产权方、摊主和居民创造更多的交流机会，拉近三者距离，加强相互间理解，促进和谐社区建设。

针对室内的改造提升：规范并优化了摊位，将水泥台面换成不锈钢台面，并向外略有倾斜方便顾客观看；重新铺设了防滑地砖并粉刷了墙面；清理了灯具和空调；增加了摊位招幌和以时令蔬菜为主题的装饰画、菜谱壁画等。

针对室外的改造提升：重新粉刷了建筑立面，并请画家纳墨手绘了墙画；设置了以菜市场为主题的画廊；规范了自行车、三轮车的停放。

在与产权方做了充分沟通后，增加了家政、洗染、维修、理发等摊位，让菜市场的功能更加多元便民。

菜市场改造完成后，我们策划了一场"菜市场生活美学院"艺术展览，邀请摊主们一起参与筹办，以融洽彼此间关系，强化大家对菜市场的归属感。美院设计团队用干果作画，设计了香菇项链，给水产摊位设计了内部装有鱼类剪纸的气球和卡通水产品的贴画，

图 11　摊主们与改造团队共同布展　　图 12　菜摊优化及菜市场　图 13　菜市场课堂
花束

摊主们也积极帮助剪贴纸、吹气球、画灯笼。其中一位售卖蔬菜的摊主更是亲自充当了设计师，对菜品摆放进行了设计，还设计了蔬菜花束，成为展览期间的明星。

同时，我们还策划了一系列临时性活动以进一步激发各方参与的意愿。山原猫和下厨房两家机构设计制作了动植物科普卡片、菜谱及美食制作技巧卡片等，与摊主售卖的食材配合放置，由摊主代为介绍并进行菜市场漫步。"不是美术馆"团队邀请诸多艺术家一起将菜市场二楼的玻璃小房子打造为临时的"菜市场博物馆"，展示了艺术家就地取材设计的"菜市场一天"大转盘、水果花环、辣椒塔等，吸引了很多摊主过来拍照、合影。

开幕当天，欢乐的气氛达到了高潮，俨然变成了大家共同的节日，同时也获得了众多媒体的关注，北京日报、北京电视台、新京报、北京晚报、北京晨报等诸多主流媒体进行了报道，累计获得线上关注超 10 万人。

## 四、回顾

虽然菜市场改造提升的成效令人满意，但改造过程中遇到的困难比我们接手时预想的要多。其一是面对着摊主、居民、管理者和政府的不同诉求，要多方协调、平衡，甚至妥协；其二是要努力取得

图 14　摊主照片（伦天洪 摄）

摊主们的信任，使他们愿意配合改造工作。第一点我们通过及早建立机制来解决，过程中及时调整；第二点则需要我们每个人在过程中用心去做。摊主们一开始并不热情，更多是观望，觉得只不过又是一次运动罢了，于是我们先以聊天儿的方式拉近关系，然后争取与摊主度过一天，即从早起去批发市场购菜开始，到晚间收拾完下班。逐渐的，摊主们开始主动热情地跟我们打招呼，吐露心声。而一些居民也会主动用摄影和绘画作品记录菜市场的热闹景象。同时我们也尽量营造一些机会，让产权方和摊主之间进行互动，使得管理与被管理的关系变得更为融洽。正是因为有了这样的基础，我们才进一步设想大家一起来布展，一起来搞活动。改造后的菜市场，更加丰富有趣，最关键的是人与人的交往更多了，菜市场里的年轻人更多了，大家的笑容也更多了。居民也感叹，原来菜市场也可以这么干净、漂亮、有文化！

迄今改造已经过去 2 年多的时间，那些展览期间的装饰品早已没了痕迹，但依然获得媒体的赞誉——"卸下妆容也依然美好"，因为它没有改变传统菜市场最可贵的本质。

**菜贩的生活**

我们对摊主进行了大范围调研并挑选代表进行深入跟踪，包括与他们度过一天。这样做的目的，一是为了与摊主们建立亲密的关系，顺利推进菜市场改造提升；二是希望借此机会了解外来务工人员在北京的生存状况，包括进货渠道、运输方式、售卖状况、居住状态、子女上学等，以更好地将问题、建议反馈到规划编制和政策制定中。通过调研我们了解到，摊主们主要来自河南、山东、河北等北京周边地区，且多位摊主之间是同乡、亲戚关系，并多以家庭为单位进行经营。一个摊位至少需要两个人，夜里2点左右即要到大洋路或新发地两个批发市场进货，天不亮货就送到了菜市场，晚7点菜市场关门，平均每天工作近17个小时。他们多居住在批发市场或菜市场附近，近半数子女在菜市场附近学校借读。虽然工作很辛苦，但是多位摊主表示比在老家收入高不少，即使近些年菜市场生意不太理想也不愿意离开另谋出路，因为在北京生活时间长了回老家也不太适应。同时，摊主们或多或少也知道很多菜市场因环境等问题关停的情况，而南小街菜市场就是他们一家人在北京生存的希望，是他们在这个城市中最重要的根据地，所以他们特别关注菜市场的改造，因为菜市场的经营状况不仅影响着他们的生意，也直接影响他们生存的环境。

摊主进货到菜市场（5：00）　摆放商品（7:00）　　营业中（8:00~18:00）　关门前（19:00）

图15　菜市场的一天

**居民画家**

为了吸引居民关注菜市场改造，我们通过公众号等进行大力宣传，吸引居民参与到项目的策划与实施中。史家胡同居民张迎星是一名建筑师，在史家胡同居住了几十年，经常到南小街菜市场买菜，得知菜市场要改造，主动画了30余幅作品，以水彩、油画等多种形式展现了菜市场摊主售卖的场景以及丰富的货品，我们将其制作为展板和明信片在菜市场内展示。胡同居民陈伟在社会科学院工作，平时爱好摄影，他利用业余时间为菜市场拍摄了诸多精彩的照片，我们也将这些照片分类用于菜市场招幌制作。

图16　菜市场手绘明信片　　　图17　菜市场商品（陈伟　摄）
　　　（张迎星　绘）

## 五、展望

或许有人会质疑，改造菜市场对规划师来讲是不是有点儿"不务正业"，但在我们看来，菜市场是惠及民生的公共设施，是城市生活中的一抹亮色，改造过程正是我们真正了解基层机制运行、感受居民生活的机会。过程中，我们学会了从管理者、经营者和生活者的视角去看待和理解城市空间，完成了从设计者到协调者的转变。同时，此次实践也让政府、公众看到了菜市场的更多发展可能性，并非只有拆除和变成超市两种选择。

其实，在存量更新的时代，除了菜市场，我们的城市中还有诸多在时代背景下略显尴尬的空间和设施，希望大家能一起思考、实践，让我们的城市活力与时尚并存！

张迎星
史家胡同居民

　　南小街菜市场面积大，东西全，环境好又方便，所以我们家一般买菜买鱼的都在这儿，基本上天天都去，都去了十多年了，感情挺深的。我们跟这些商户也都熟了，天天见，平时也聊两句。原来菜市场有点儿乱，乱堆乱放，这次改造提高了整体的购物环境。环境好了，大家都注意卫生，居民去购物心情也好。

　　我喜欢画画。菜市场特别好看，颜色也漂亮，红黄蓝绿都有，我现在还想画菜市场。画能反映人们的安逸和生活水平的不断提高。我觉得生活特别好，特别高兴，就想把我的心情表现出来。以后希望对菜市场的文化介入能更实用，更自然一点，让老百姓容易接受。也希望文化植入能进一步改善菜市场的环境。

# 专　家　点　评

耿诺
北京日报记者

您认为保留升级
菜市场对于居民
和城市的意义是
什么？为什么城
市中的菜市场越
来越少了？

菜市场决定了很多市民的柴米油盐，是一种自发形成，并能被有组织地调控的、最基础的城市肌理。从物质的角度讲，它们是城市不可或缺的元素。菜市场的零售模式带来的人际交往，也是很多人日常生活的重要部分。除此以外，菜市场还是一个带着人文主义的文化符号，能体现城市的风土人情。所以我认为无论是保障民生还是保证风貌，都有必要保留菜市场。

之前多数的规划相对短期，有一些地方有了需求却没有相应的规划，致使很多菜市场建在了临时建筑里。现在绝大部分菜市场的消失都是因为建筑物本身不符合规划条件，城市规范化管理，如城管、消防等，一定程度上造成了菜市场数量的减少。

菜市场的改造难点
在哪？觉得南小街
菜市场这种多方参
与的改造模式有什
么意义？

首先规划层面要打通，规划上实现合法化非常重要。第二，因为存在城市运营的成本问题，还有个人企业运营的问题，所以要让价格够便宜，菜市场才能活得下去。另外，软件管理上应该给菜市场一些支持，包括出台相应的政策等。

朝内南小街这个模式很好，是非常有效的从精细化管理到城市符号设立的样本。改造中的多方参与也是特别有益的尝试。因为这次的菜市场转型想提升到文化符号这个层次，单纯的经营者和管理者并不非常擅长做这些事。术业有专攻，专业的人做专业的事再融合在一起，整体效率会变得更高。

您认为此次菜市场的升级改造有什么特点，和其他菜市场改造项目有什么不同之处？对类似工作有什么建议？

以前一说到改造，首先就想到硬件提升，但是南小街菜市场没有大规模翻修，而是保留了很有年代感的水磨石地面。实际上菜市场是附近居民生活和情感的载体。在改造过程中适当修旧如旧，留下一些生活符号的方式特别好。另一方面是南小街菜市场的软件与陈设提升。活动之后，我发现商户会有意识地按照设计的陈设方式去摆，设计的小牌子大多数他们都在继续使用，活动传递的效果有比较长的持续时间。这一点可以说是其他许多菜市场做不到的。

我们一直在呼吁城市尽可能保留现有的菜市场。如果有可能的话，希望城市的主管部门能更注重菜市场下一步的保留和存活，从实际操作的层面，考虑一下现在生活成本和菜市场运营成本上升的问题。另外，也希望能够有越来越多的文化组织、社会机构参与到城市生活肌理的美化中来。

第四章

场所运营

# 史家胡同博物馆运营——以基地建设实现陪伴成长

王虹光　马玉明　刘静怡

图1　北京市规划院与街道办事处合作运营史家胡同博物馆

## 一、"社区博物馆 + 责任规划师"的模式探索

2017 年 3 月，朝阳门街道办事处与北京市城市规划设计研究院签署了联合共建史家胡同博物馆的协议，由责任规划师入驻博物馆，运营社区文化空间。

街道办事处与北京市规划院携手共建博物馆主要基于 4 个方面的考虑：一是通过提升文化活动品质、增强公共空间活力，以吸引居民积极参与社区活动，增强社区黏性；二是扩大以博物馆为窗口、平台，吸引社会公众对历史文化街区保护复兴的关注；三是将博物馆作为规划师扎根的实践基地，助力规划师更便利地宣传规划与保护知识，长期、深入地与街道、社区、居民合作开展街区更新与社区治理工作；四是以博物馆为试点探索形成可复制推广的社区公共空间运营模式，为街区的可持续发展找到适宜的路径。

史家胡同博物馆是北京第一个胡同文化博物馆，而规划师扎根运营社区公共文化空间在北京范围内同样属于首例，所以对我们而言这是一次大胆的尝试，唯有以摸着石头过河的方式，探索各种问

**史家胡同博物馆简介**

　　史家胡同位于东城区东四南历史文化街区，始于元代，是北京最古老的胡同之一。史家胡同博物馆位于史家胡同24号，于2013年10月19日正式对外开放，占地面积约980平方米，建筑面积约545平方米，为北京市首家胡同博物馆。其前身是民国著名文人陈西滢、凌叔华的故居，也是民国前期北京重要的文化沙龙所在地。改革开放以后，陈、凌之女陈小滢转让院落于朝阳门街道办事处作公益之用。

　　博物馆共设8个展厅，常设展览的主题分别为：胡同历史、人艺摇篮、近代教育、时代记忆、胡同名人、怀旧生活、世纪新姿及古韵精魂。

　　2017年，朝阳门街道办事处与北京市规划院签订共建框架协议。

　　2018年，获得北京旅游网评选的"北京您最喜爱的博物馆"称号，公众投票数位居榜首。

题的答案。如：社区博物馆的特点是什么？作为社区的文化空间应具备什么样的功能？规划师该如何发挥作用，能给博物馆带来什么新意？……

　　带着这些问题和初衷，我们广泛搜索总结国内外的经验，与众多博物馆进行交流，邀请专家、居民听取建议，逐渐明晰工作路径，在此基础上招聘人才组建一支以规划师、文化工作者及社区退休干部为核心的博物馆运营团队，在街道办事处的大力支持下，通过3年的努力，达成了预定的目标：

　　（1）社区培育——以文化活动带动社区议事的三厅家园。

　　（2）规划宣传——让社会公众了解街区更新的窗口平台。

　　（3）街区更新——责任规划师试点与高校教学实践基地。

　　（4）场馆运营——社区公共空间可持续运营的样板模式。

## 二、社区培育——以文化活动带动社区培育的三厅家园

　　史家胡同博物馆建立之初即被街道办事处与社区寄予厚望，希望它不仅是胡同文化展示的静态空间，更是居民共同的精神家园。当时办事处书记陈大鹏提出了"三厅"定位，即文化展示厅、居民

图 2　2018 年七夕音乐会

会客厅、社区议事厅。我们认为这个定位非常符合社区博物馆，所以在进驻运营的初期，即与街道、社区共同围绕这个"三厅"定位进行深入研讨，整体策划，逐步实施。3 年间，确保了博物馆全年不间断地开展形式多样、内容精彩的文化活动，极大地增强了场地的活力和吸引力，聚集了很高的人气，为居民的交流互动创造了良好氛围，为居民参与社区事务打下了坚实基础。

（1）对博物馆的常展在讲解、宣传等方面进行系统化提升，并将不断挖掘出的文化资源、文化内涵融入讲解。

（2）每年举办 4 次主题展览，以宣传传统文化和街区保护更新理念及实践成果为主。

（3）结合国际设计周与传统节日举办主题活动，加强居民之间的互动交流。如复古电影院、复古摄影、胡同庙会、钢琴音乐会等活动。居民也聚在这里撰写对联福字、制作家常小吃，与博物馆共度佳节。

（4）在平常的日子持续开展口述史采访、文化讲座、传统手工制作等活动。

那么，作为社区博物馆，在展览与活动策划都该注重什么，形成什么特点呢？

图 3　2018 年"回家过年"主题展

首先，作为社区博物馆，我们希望它能更多地展示社区自己的故事和文化。因此我们特别注重从本地观察学习，通过交流了解居民的情感和意愿，抓住蛛丝马迹找到亮点，再进行内容的梳理提炼主题。其次，我们希望展览的形式要亲民，以居民能理解和接受的方式生动展现，因此布展时尽量营造邻里交流的温馨氛围；第三，我们也希望能有效控制展览成本，取得事半功倍的效果，因此每次的展览都需要做好前期的策划，从材料选择、工期排布等方面精打细算；最后，每年年初要做好当年的主题策划，便于全年的展览及活动尽量围绕或贴近主题开展，形成系列，效果更佳。

（一）案例一"回家旧影"主题展——发掘本地社区文化

社区居民口述史收集是我们进入东四南后持续开展的一项工作。为了更好地激发居民的参与热情，以及让更多的人了解街区历史，我们采取了多种多样工作方式。在采访中，我们发现被访者特别喜欢拿出家中的相册来叙述事情，就想到应该利用居民的老照片开办一个"回家旧影"展览，成为口述史收集工作的助推剂。

首先，我们建立了近十人的采访小组，以手机、扫描仪等简易工具，完成了社区十几家居民的采访，收集到超过五十张老照片，形成了约 10 个小时的影像和 6 万字的文字记录。由于采访对象

图4 2017年回家旧影展以及现场工作人员与志愿者合影

普遍岁数偏大，而采访小组成员则以八零后、九零后为主，所以一老一少的交流特别温馨，就像拉家常一样轻松。老人们的讲述非常生动，时而引得大家哄堂大笑，时而又让人潸然泪下，引发了年轻人对街区历史和百姓生活的更多思考，并且与居民建立了深厚的友情。

其次，在布展时，我们也尽力营造代入式的氛围。入场以一道卷轴形成"门帘"的意象，观众们拉开"门帘"即迈入一张张老照片、一段段口述史营造的回忆空间中，找到一份回家的体验感。而很多居民也热心地充当起讲解员，向观众们介绍照片后的故事，形成了非常好的互动。

展览后，鉴于本次展览活动积攒了丰富的资料，史家社区特别邀请我们编印了500本《史家人说史家故事——老照片里的口述史口袋书》分发给居民，极大地激发了居民对自己的生活和自己社区的自豪感。

（二）案例二 "胡同声音" 主题展——加强多元互动体验

为营造更亲切、有趣的交流氛围和更生动、立体地展现本地文化，我们积极探索多样的展品与互动形式。博物馆有个小展厅，里面有个声音播放装置，循环播放着艺术家秦思源复原的20世纪50年代"老北京胡同声音"，如小贩叫卖、鸽哨、自行车行进、风雨声等。看到很多观众都喜欢静静地倾听，陶醉其中，我们受到启发，于2018年策划"胡同声音"主题展，以"声音"来展现胡同生活和居民心声。在众多社会力量的共同支持下，"胡同声音"主题展实现了三种互动形式。

第一，给声音以形象。考虑到观众通过原来放置在小展厅里的播放装置，虽然可以欣赏到富有韵味的声音，却看不到与之相配的空间环境和人物，有些美中不足。故在本场主题展中，我们将"老北京胡同声音"散布在博物馆室内外的多个角落。伴随胡同环境背景音，观众可以欣赏来自天坛艺术馆的精美胡同主题瓷板画；听到嘹亮的叫卖时，观众会看到北京工业大学同学们手绘的"老北京吆喝"卡通人物立牌。声音与形象的无缝配合，不仅给观展体验增加了许多惊喜，还加深了公众对胡同传统生活与空间的直观感受。

第二，给形象以声音。老北京胡同空间不仅富有视觉魅力，更包含着深厚的文化内涵。遗憾的是，一般游客无法通过空间形象体会其背后的历史文化。2018 年，史家社区举办"朗朗上口"居民朗诵活动，邀请居民用自己的声音讲述史家胡同和保护院落的故事。在史家社区的支持下，我们在胡同两端和保护院落门口挂上了红灯笼，内置红外感应小音箱，只要有人经过，它就会自动播放居民对该地点的介绍。时值春节前夕，《北京晚报》以《胡同里的灯笼"会说话"》为标题介绍了这一装置，吸引了公众的探访并受到好评。居民的声音让胡同文化传播得富有趣味性、更广泛。

第三，收集公众"心声"。在本场展览中，观众不仅可以在留言本上写下自己的建议和寄语，还可以对着话筒讲述自己的心声。借助荔枝 APP 提供的"声音明信片"互动装置，观众不仅可以录下自己的声音，还能在明信片上打印包含自己声音的二维码。借助这一装置，观众们踊跃录制对家人、对胡同的祝福，又将"声音明信片"作为礼物送给博物馆和亲朋好友。独特的互动装置让展览更富趣味，也为博物馆积累了宝贵的公众互动材料。

图 5 2018 年胡同声音展　　　　　　　　图 6 2018 年"纸短情长：七夕胡同爱情
　　　　　　　　　　　　　　　　　　　　　　　故事"主题活动

（三）案例三 "纸短情长：七夕胡同爱情故事"主题活动——营造社区文化氛围

提到胡同生活，很多人的第一反应是"大爷遛鸟""大妈养花"。然而，随着我们与胡同居民的日常交流逐步加深，我们越来越发觉，胡同生活的内涵是极其丰富的。每一位居民都有独特的个性与精彩的人生。然而，大多数居民往往不乐于或不敢于说出自己的喜怒哀乐。为了鼓励居民表达感受，我们充分发挥设计特长，营造有新鲜感的空间环境和有感染力的交流氛围，促使居民想法与行为的转变。

例如，在 2018 年七夕节日期间，我们举办"纸短情长：七夕胡同爱情故事"主题活动，用数百朵彩色绢花重新布置了史家胡同博物馆的院落。如梦似幻的环境引发了居民们拍照留影的热情，更触动了久埋在心底的回忆，不少居民向我们讲起昔日"谈对象"的经历与心情，还拿出了压在箱底的老结婚照。以此为基础，我们做了"胡同爱情故事"专题口述史收集，并制作展板布置在博物馆院落中，越发营造出浪漫的氛围。

七夕当天，我们举办了"居民情书朗诵"活动。很多居民做了精心的打扮，佩戴珍藏已久的首饰出席活动。开始，只有 7 对金婚、银婚夫妇表示愿意当众朗诵自己的作品，有诗歌《致我的老伴》、五十年前的家书、最新写就的上千字长信。他们当着伴侣的面一字字读完，再深情对视着说"我爱你"，这历久弥新、白头到老的爱情告白引得观众驻步鼓掌、感动落泪。

在这样的气氛中，不少本来不好意思当众朗诵的居民主动从口袋中掏出了情书，对着伴侣深情诵读。本来预计持续半小时的朗诵活动由于受到感染的居民太多，最终延长到了两个小时。活动结束之后，还有居民流着眼泪，久久舍不得离去。

美好的环境和真挚的氛围不仅让居民勇于说出"爱情"、表达爱意，还无形中改变了居民的行为。一位社区工作者告诉我们，有位公认脾气不好、举止粗暴的居民，居然在现场细致地帮妻子整理头发，举止和神情流露出此前从未有过的温柔。

通过一场场展览、一次次活动，博物馆不仅发挥了文化展示功能，讲述出社区和居民自己的故事，还自然而然地成为居民们的会客厅。居民们不仅平日里常来这里散步、聊天，还会主动邀请亲朋到博物馆参观和参加活动，自豪地展示胡同文化。在博物馆招募义务讲解员时，周边居民纷纷主动报名，在接受扎实的培训和严格的考核后走上岗位，向公众讲述"自家的博物馆"。居民们亲切熟稔的情绪也感染了社会公众，大家觉得史家胡同博物馆特别好玩儿、接地气，愿意与博物馆成为朋友，主动给博物馆出谋出力。有人向博物馆捐赠老物件、老照片，有人与馆员分享自己的史家胡同记忆，还有人来这里打听祖辈生活过的地方。渐渐地，史家胡同博物馆成为全体胡同热爱者共同的家园。

与此同时，我们也以博物馆的多功能厅为场地，以"胡同茶馆"的形式召开议事会，邀请居民共同讨论社区公共事务，包括院落公共空间提升（咱们的院子）、胡同景观提升（胡同微花园）、院厕户厕技术（胡同厕面）、胡同停车管理方案以及博物馆文化活动策划（社区书记沙龙）、志愿者管理方案与岗位职能（志愿者工作会）等议题。有效的公众参与极大地提升了居民对公共事务的关注度与责任感，培养了平等协商的意识与习惯，为街区更新与社会治理工作奠定了坚实的群众基础。

可以说，经过三年的努力，博物馆成功地实现了建立时的"三厅"定位：文化展示厅提升了社区的自豪感与凝聚力，居民会客厅体现了居民的家园意识与主人翁精神，社区议事锻炼了社区居民的沟通协商能力。

## 三、规划宣传——让社会公众了解街区更新的窗口平台

推动城市规划的公众参与水平是责任规划师的工作职能之一。2007年，《中华人民共和国城乡规划法》明确提出城乡规划编制中需履行公共参与环节，那时起我们就开始了实践探索，一是从理念上转变，重要的是在方法上改变。因为传统的规划行业已形成一套主要面向政府和专家的表达体系，其专业性、技术性较强，而通俗性、趣味性不足，不利于公众理解和参与讨论。为适应新的工作需求，规划师必须创新思路，借助新的技术工具和工作方法实现与公众之间的有效沟通，促进理解以建立互信的合作关系，促进规划实施。

自2014年起，我们开始尝试以北京国际设计周为平台、以城市策展为工具助力规划的公众参与，取得了良好效果。自从有了史家胡同博物馆这个实践基地后，我们的规划宣传和公众参与工作开展得更为顺畅而频繁，形式也更丰富，持续性更强。驻扎在史家胡同博物馆的运营团队，随时观察胡同变化、听取公众意见、收集居民需求，并迅速反馈到博物馆的展览及活动中以及规划编制上，为城市规划与社会公众的沟通打开了持续的窗口。

（一）案例一　胡同无车畅想——突发契机，及时宣传

2018年，史家胡同在电线入地改造施工过程中，偶然实现了为期一天的"无车胡同"试点。我们抓住这个宝贵契机，对史家胡同、内务部街的胡同立面进行了拍摄，拼接出了完整无遮挡的胡同立面照片，还观察记录了无车环境下居民的活动场景。意料之外也在情理之中，没有车的胡同变成了居民喜爱的公共空间，家人手拉着手散步，邻居站在胡同当中轻松地拉家常，小朋友们快乐地踢毽子、

图 7　胡同无车状态下的居民活动

跳皮筋，安静美好的生活状态让我们不停地按下快门。之后，我们以"没有车的胡同，一瞬间回到北平"为题，将无车环境下的胡同记录通过博物馆公众号发布，引发了读者的大讨论和思考。老北京人纷纷回忆起了自己童年时的胡同环境，而规划师们则认真探讨"胡同无车"实现的意义与难点，《北京日报》记者于丽爽在社论《停车占用六成公共空间"胡同不停车"难在哪儿》中专门引用了史家胡同"无车日"的照片。彼时正值我们在编制老城整体保护规划及北京核心区的控规，这些思考与探讨均在规划中予以了体现。

可以说，如果没有一个可供长期扎根的基地，很多能反映居民生活和意愿的鲜活的资料就无法被及时捕捉和留存下来，给公众和专业工作者以启发和思考。

（二）案例二　对话童年——陪伴探讨，深入探讨

史家胡同西口是史家胡同小学，博物馆也是孩子们喜欢的场所，老师会带领新生来参观，了解胡同历史，同时还有小朋友应聘了博物馆的志愿讲解员。胡同居民邵阿姨是史家小学 1959 届毕业生，2019 年她找到博物馆，说想在博物馆办毕业 60 年聚会，并将上学时的老物件收集起来在博物馆做纪念展。在与邵阿姨和同学们的沟通过程中，我们发现，在这些老人们的回忆里，那时的胡同环境十分安全、宜人，孩子们自己上下学，在胡同里玩儿、去同学家吃饭

图 8　主题图——对话童年

写作业，而再看现在史家小学的孩子们，一放学就被塞进各种交通工具运走，没有机会感受蹦蹦跳跳上下学的乐趣。基于之前对胡同无车日的讨论和畅想，我们想可以将聚会和纪念展赋予一个主题"对话童年"，通过对比 60 年间儿童上学方式和业余生活的改变，探讨

图 9　分析图——儿童眼中的城市和社区

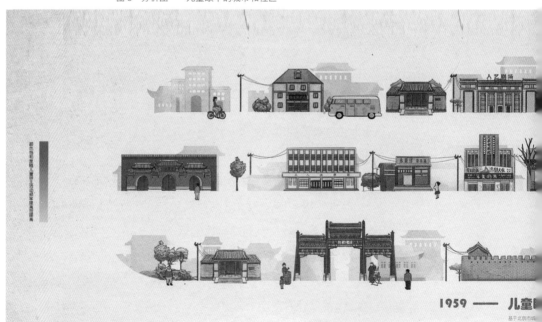

城市和社区应为儿童提供怎样的交通与生活环境，这一提议获得了这些老校友的一致赞同。而这一主题将胡同口述史、儿童友好社区、步行环境营造等文化、社会、规划课题联系在一起，吸引了北京建筑大学路上观察团、路见等研究团队的共同参与，诸多媒体也纷纷进行了报道。这次邵阿姨的提议，再一次展现了博物馆作为规划实践基地的作用，正是因为责任规划师长期扎根在社区与居民成为朋友，又以扎实的展览文化活动获得了居民的信任。

除了把从社区中汲取的营养进行转化外，我们还将院里的资源和经验引入博物馆，以扩大规划宣传途径与影响。

北京市规划院自 2014 年开始就由团委开展了"规划进校园活动"，定期会有规划师进到中小学的课堂上，以通俗易懂的方式向孩子们宣讲规划知识。因此当我们进驻博物馆后，也希望能借助这个

平台以更为丰富的形式和孩子们互动。从 2018 年起，我们策划了"名城读书角""名城青苗"等面向儿童的城市规划与名城保护宣传主题活动。这一系列活动得到了北京市规划和自然资源委员会、北京市规划院"我们的城市——面向儿童的城市规划宣传启蒙计划"的指导和大力支持，集结了诸多的社会力量，借助读书会、手工、游戏、工作坊等形式，让更多儿童和家庭了解到名城保护、历史街区保护更新、城市规划的知识与意义。

同时，我们邀请规划专家以总体规划、历史街区保护等为主题开办讲座、沙龙、论坛，以及在规划师的带领下进行胡同探访活动，并在此举办 2019 年青年规划师演讲比赛。形式多样的活动与频繁的互动，让规划与公众有了最密切的接触，起到了很好的宣传效果。

## 四、街区更新——责任规划师试点与高校实践基地

可以说，我们扎根东四南地区始于 2010 年开始编制保护规划。为了促进规划落实，又协助建立了史家胡同风貌保护协会，并依托协会开展了大量的街区更新工作，如制定社区公约、开展院落公共空间提升等。在运营史家胡同博物馆之前，这些工作对我们而言都是一个个项目，虽然在过程中积极采取公众参与模式，但随着项目结束，实践过程中逐步培育起的议事氛围、与居民间的亲密关系容易失去依托，因此，我们将之称之为"运动战"的模式。而运营史家胡同博物馆的工作让我们的"运动战"转为"阵地战"，优势在于：

（1）工作人员较固定：同一批人长期扎根在胡同中，持续观察社区生活、维系与居民的关系、深入了解居民诉求，在日常的零碎点滴中发现街区问题、评估规划实施状况。

（2）工作计划更系统：结合调研所得，将问题分为大中小、将目标设为近中远，制定系统化的工作计划，有序推进。

（3）工作队伍易壮大：以基地为平台，寻觅吸引各行业的合作力量，共同开展街区保护更新的实践。

居民口述史采集是我们为了挖掘社区历史文化、带动居民建立家园意识而开展的工作，于 2014 年借助史家胡同风貌保护协会启动。但那时主要依托组织志愿者开展，方法较为单一，以聊天为主，且并未建立清晰的目标和计划。

运营博物馆后，我们将其列为重点工作，开始摸索更多的方法，并逐步向专业化推进，同时进行成果转化。包括利用居民的老照片开办"回家旧影"展，用北京市规划院的老照片开办"京城回眸"展，启发更多的人依据老照片讲述历史；同时邀请专业工作者开办口述史培训班和工作坊，吸引更多的人意识到口述史的意义和作用，学习掌握工作方法，走出社区向更广阔的领域拓展；将居民口述史采集的阶段性成果编制成口袋书，分发给社区居民，激发他们的自豪感。

街区环境的好坏关系到每个人，如安全的街巷、无障碍的出入口、漂亮舒适的公共空间等，所以我们特别关注各类人群的需求，并依托博物馆采取多种方式持续调研、总结，采取行动。在我们与居民邵阿姨和她的老同学们一起举办"对话童年"展后，没有停止思考，开始筹划如何把社区环境向儿童友好推进。因此，我们继续联手在地的史家胡同小学，开办了小小规划师工作坊，以"小小上学路"为主题，让小学生们观察沿途环境，发现问题，然后以模型方式提出解决方案。这个活动极大地激发了孩子们的热情，而且他们的独特视角和具有创意的方案都让我们惊叹。为此，我们决定下一步将在此基础上进行优化、实施落地。

汇集社会力量共同开展街区保护与更新工作是我们一直秉承的理念，而高等院校就是一支特别有力的队伍，有专业的教师人才、有源源不断且充满创意和活力的学生，所以在我们进驻东四南街区时，就开始与北京工业大学、中央美院等高校建立密切的合作关系。当我们开始运营博物馆后，这里自然也成为院校的教学实践基地。

中央美术学院十七工作室的侯晓蕾老师结合东四南的情况设计课程，通过一届届的学生从理论到实践逐步推进，胡同微花园即是其中一项。自2014年起，她就带领学生针对北京历史街区开展胡同景观的调研，几年下来记录了300多个居民自建的小花园，被居民这种充满生活情趣和智慧的绿化空间深深吸引。因此当市政府开展背街小巷治理、留白增绿等工作时，她提出以博物馆为基地，与居民一起探讨胡同景观的优化。于是我们举办了"微花园展""盆栽工作坊""微花园参与式设计工作坊"，向社区居民宣讲园艺知识、普及审美教育，并针对胡同小微空间和自己的小花园进行设计，极大地调动了居民美化家园、维护公共空间的积极性和意愿。为此，街道决定支持经费予以实施，第一期我们完成了6个居民参与设计实施的微花园。

三年以来，责任规划师与高校师生、相关领域专家围绕东四南地区的实践工作撰写学术论文十余篇，分别收录于历年的中国城市规划学会年会论文集、国内外规划刊物和高校论文库中。

博物馆两基地建设合作单位列表（部分）　　　　　　　表1

| 基地名称 | 合作单位（聚集社会力量，支持社区共建） |
|---|---|
| 责任规划师实践基地 | 北京市城市规划设计研究院，北京工业大学建筑与城市规划学院，中央美术学院建筑学院十七工作室，国文琰文化遗产保护中心等 |
| 高校教学实践基地 | 北京工业大学，中央美术学院，北京建筑大学，中央财经大学，中华女子学院，中国传媒大学，北方工业大学，北京交通大学，北京林业大学，清华大学，北京大学等 |

## 五、场所运营——社区公共空间可持续运营的模式样板

伴随人们对精神生活的追求提升，社区文化建设得到前所未有的重视，各地街道、社区的文化空间都呈现蓬勃发展之势，如社区图书馆、社区博物馆等。但这些文化空间需运营得当，才能持续、有效地起到带动社区文化建设、促进社区和谐发展的作用。否则，将会造成空间与财政资源的浪费。

| | 物业管理 | 档案管理 | 行政财务 |
|---|---|---|---|
| **日常运营** | 观众接待 | 志愿服务 | 机构对接 |
| **公众服务** | 展览文化活动 | 城市更新实践 | 社区培育 |
| **活动策划** | 宣传报道 | 媒体拓展 | 品牌建设 |
| **媒体宣传** | | | |

图 10　博物馆运营团队构架

　　史家胡同博物馆与大多数社区文化空间类似，面临着运营经费有限、专业人员不足的问题。因此，我们在入驻博物馆时即决定要通过实操来总结经验，为博物馆总结出一套适合的运营指南。

　　三年里，我们通过博物馆日常工作以及各类展览活动的举办，逐步完善了运营团队构架、工作机制、志愿者队伍、合作伙伴资源库等，使博物馆步入了良性循环的轨道。

　　运营团队架构：5 个岗位可基本保障工作有序进行。馆长 1 名，负责统筹决策；每日在地馆员 3 名，负责常展讲解、活动承接以及公众号维护与资料的整理、完善与补充等；展览与活动策划 1 名，负责牵头组织创意畅想并制定全年计划、组织实施。其中，日常运营是基础，公共服务是核心，活动策划是产出，媒体宣传是持续聚力的必要条件。

　　志愿者队伍：志愿者是博物馆运营的重要补充力量，他们不但能协助开展工作，还是公众的粘合剂。随着博物馆名声日益远扬，日常接待观众逐渐提升，在节假日及主题展览和活动期间，单日观众量可达上千人，仅依靠几位馆员是难以承接的。为此我们建立了志愿者队伍，目前达到 300 余名，其中 20 多名可以担任讲解员，其余志愿者在活动期间可以担任各种后勤保障工作。从 2018 年 10 月起，我们又建立了博物馆会员制度，开设了史家胡同博物馆的微信号，邀请关注博物馆和热爱老北京文化的观众添加为好友，如今有

图 11　讲解志愿者

了多达 4800 名会员。这一做法极大地方便了社会公众和社区居民
向博物馆提出诉求和反馈意见，也有助于社会资源的有序组织与激
活，让博物馆发挥出越来越强的聚力作用。

合作伙伴资源库：博物馆的良好运营，需要有好的并长期合作愉
快的策划机构、布展机构、宣传媒体等。朝阳门街道办事处将辖区
内的文化机构联合起来，建立了"朝阳门文化共同体"，相互协作，
起到了很好效果。在此基础上，博物馆亦建立了文化合作平台，三
年与上百家文化机构、公益组织、艺术团队开展过文化合作，包括
葭苇书坊、遗介、清华美院生态中心、北京林业大学 D.C.R. 设计工
作室、风物研究所（周博老师和敏辉）、中国传媒大学等。

在点点滴滴的努力下，一条可持续运营的路径初步建立。2019
年国际博物馆日上，博物馆与北京大学源流运动团队合作"家
PLUS：共话博物馆 + 社区营造"主题论坛，邀请北京博物馆学会常

图 12　可持续运营路径

务副理事长祁庆国、原上海博物馆社教部主任郭青生、山西大学副校长杭侃等国内文博领域专家与朝阳门街道办事处董凌霄主任、李哲副主任及北京市规划院的冯斐菲教授等同坐一堂，共话社区博物馆的实践经验与理论前沿。与会者充分表达了对史家胡同博物馆运营模式和责任规划师试点实践的认可。同年博物馆运营团队的王虹光、刘静怡分别应邀出席 2019 年国际博协大会（日本京都）和首都博物馆"国际视阈下的博物馆展览策划与实践"培训课程并分享经验。

博物馆运营概况（2016~2019 年）　　　　表 2

| 年份 | 2016 年及以前 | 2017 年 | 2018 年 | 2019 年 |
|---|---|---|---|---|
| 平日观众人数 | 50 人 / 天 | 80 人 / 天 | 200 人 / 天 | 250 人 / 天 |
| 交流访问频率 | 每月 1 场 | 两周 1 场 | 每周 1 场 | 每周 2 场 |
| 文化活动 | 偶尔举办 | 两周 1 场 | 每周 2 场 | 每周 3 场 |
| 临时展览 | 偶尔举办 | 4 场大型展览 1 场国际设计周 1 场职工摄影展 | 4 场大型展览 1 场国际设计周 4 场小型临展 | 2 场大型展览 1 场国际设计周 11 场小展览 |
| 日常讲解 | 随机 + 预约讲解 | 预约讲解 | 每天上、下午各一场，平均听众 40 人次 / 场 | 在 2018 年基础上增加语音导览 |
| 社区培育 | 以会议室作为社区议事活动场地 | 营造居民参与氛围，孵化空间提升项目 | 与多个高校、团队合作，持续推动街区更新实践 | |
| 新闻报道 | 开馆期间领导参访报道 | 展览活动周期性报道，启动博物馆公众号宣传 | 结合展览、活动、新闻专题、责师项目频繁报道，史家胡同博物馆公众号与微信号持续运营 | |

## 六、结语

史家胡同博物馆是一个优质的社区文化空间，北京市规划院与街道办事处联合共建，有了双赢的效果。对于街道而言，借助社会力量有效利用空间资源为居民提供了高品质的文化服务，增强了社区的粘合度；对于规划院而言，规划师成为在地一员，能更直接宣传规划、倾听居民声音、发现问题，并以展览、活动、工作坊等多种方式循序渐进地解决问题、推进规划落实。

我们的探索还在继续，希望这种模式能给从事街区更新工作的同行以及各基层政府提供借鉴。

胡新宇
北京文化遗产保护中心理事、四合书院共同创始人、英国王储慈善基金会（中国）
前任代表

对于英国王储慈善基金会（中国）而言，我们推动的是关于传统文化保护的理念。也就是说，我们认为，凡是经过历史检验而留存下来的东西，必然有其价值。所以我们的工作大部分都围绕着传统的生活、艺术在现代社会中的传承而开展。在这个大背景下，我们认为老北京的胡同应该也有一个更整体的文化延续与更新方式。

一开始，我们的想法比较简单，是想做一整条胡同的改造与更新，但是这样涉及的事情层面太多、太复杂，效果容易分散，难以形成真正的影响力，所以最后在朝阳门街道办事处的建议下，我们选择把精力集中到史家胡同 24 号院儿这样一个点上，希望把它树立为一个示范工程。我们在一个点上用力，这样才能够真真正正让它改头换面，并且引发后续的、深层次的变化。

在院子的修建过程中，我们走过很多弯路，有过很多的教训。非常幸运的是，在磨合中我们和街道办事处逐步形成共识，决定要尽量用传统的方式去修这座有故事的院子，并有选择地结合现代技术，最大限度地保留和体现传统四合院生活美好的一面。更为幸运的是，我们找到了一批对传统建筑很懂行的工匠，比如大木作的负责人尹师傅。在整个施工过程中，他们为四合院材料的选择、使用和细节的改进提出了很多有价值的建议，可以说没有他们的积极参与，现在博物馆所有出彩的地方都不会是现在这个样子。为了确保各种材料、各种做法的工艺效果最终符合胡同的文化传统，我们不怕慢，从青砖铺地、木构上漆到窗户加装双层中空玻璃，都是在其他地方先做过小规模打样，对比找出最合适的做法之后，再用在实地的施工中。

许多展品的来历也很有意思。我们修建博物馆的时候，一位上了点儿年纪的女士走进来说，自己原来在这里做过幼儿园老师，碰巧从此路过，所以进来看看。在得知这个院子未来的功能之后，她非常高兴，并且很快给我们寄来了幼儿园时期的老照片。如今，这些资料现在还展示在博物馆里。再后来，经过朝阳门街道办事处的发动，附近的居民也纷纷为博物馆捐献了各种有集体记忆、有特殊价值的老物件儿，让这座博物馆彻底生动而立体了起来。

您认为史家胡同博物馆的核心是什么？其他地区应如何借鉴它的经验，并做出自己的特色？

史家胡同博物馆只是一个小小的点，想让大家从这个点体会到传统生活的快乐和传统艺术的美好，所以我们当然欢迎，而且十分希望大家去复制，去超越。

英文中有个词叫"originality"，翻译成中文叫"原创性"。我们国内设计相关的所有行业，从平面设计、服装设计，到建筑设计，似乎都在追求"原创性"。而大家对这个概念的理解，似乎就是要做出自己的特色，要与众不同，要与传统的东西分道扬镳。其实这个词来自于"origin（本源）"一词，所以英文的本意就是一定要回到一个事情的本源去考虑，然后才会有原创性。佛家也讲在因上做功，在果上收获。所以我觉得借鉴博物馆的最好方式，其实就是回到胡同四合院文化的本源上去理解传统、理解社区、理解胡同里的建筑和空间。搞清楚了核心的原理，又能采用合适的做法，这样做出来的东西就会是有价值的，而且必然有自己的特色，也就是有原创精神的。这个逐本溯源的过程，也是探索本质的过程，也是启发创新的过程。这样看来，传统不只是属于过去的，它是能够延续到未来的，甚至是引领未来新潮流的。

祁庆国
北京博物馆学会常委副理事长、秘书长

您如何看待我们在博物馆开展的文化激活与社区培育工作？关于北京市规划院和街道办事处共建博物馆的模式您有什么看法？

城市规划部门与街道共建社区博物馆是一种创新的做法，也是一种非常重要的做法，我认为史家胡同博物馆是一个非常成功的案例。在古老的城市做规划工作，做文化遗产的研究与保护，绝不是让文化遗产原封不动，变得死气沉沉。正确的做法，一定是在保护工作当中，研究文化遗产对今天人们的意义，对今天人们的价值。随着时代的发展，面对同样的历史遗物，人们的认识是在发展、是在提高的。从文化遗产当中，我们需要去认识它在当代背景下的精神特质，去领悟它给人们今天的城市建设以及生活方式带来的智慧与启迪。

规划师充分利用史家胡同这一条街道的历史资源，挖掘文化生活在城市建设、城市发展中的重要作用，以这样的主题来做展览，做社会教育活动，做公众动手参与的活动，我认为很成功。这些活动有深度、有温度，也使观众从中获得感动、获得感悟，使他们更加热爱这条街道，更加热爱他们的生活，同时也为居民创造新的生活提供了一种精神上的支撑。所以我认为北京市规划院的规划师在史家胡同博物馆所做的文化激活的工作很有创意，也很有成效。

您对社区博物馆的发展与作用发挥上有哪些期待？

首先，社区博物馆无论在城市还是在改造后的新乡村中都是非常重要的，都应该大力发展。社区博物馆在居民的身边，也在居民的生活当中。在社区博物馆当中所展示的一定要是侧重于本地的文化，要是活的文化，而不一定要去追求大而全，不一定要去模仿大型博物馆的做法。强调地方性，强调本地性，强调与居民的相关性，这是做好社区博物馆很重要的方面。

今后社区博物馆的建设和运行模式应该有一个突破，有一个创新。不应都由政府部门来直接组建、直接运营，应该更多地依靠社会力量，特别是本地的社会力量，比如各种机构、社会团体，或者是居民委员会等等。依靠社会力量来运行的社区博物馆会更有活力，它会使本区域的特色得到更充分的发展，也能使社会力量在文化服务建设体系当中充分地发挥作用，其社会责任得到更好的履行。从已有的社会实践来观察，有不少社会力量，既有情怀、又有能力，积极参与、承担了像社区博物馆这样的文化、公益事业的工作，而且他们可以做得很好。

宗靖
朝阳门街道办事处副主任

街道建立北京第一座胡同博物馆的初衷是什么？

　　东城区朝阳门街道有 50% 的区域是老北京的胡同，基于胡同、四合院深厚的历史文化积淀，自 2008 年开始，街道通过挖掘胡同、四合院里的文化内涵，以展览的方式来展现京城老胡同独特的文化魅力。期间我们逐渐意识到史家胡同虽然形成于元代，尽管经历了几个世纪的风雨沧桑，但胡同的原有风貌仍然保持良好，胡同还有一定规模的传统四合院群落，其中有不少名人旧居也保留得较为完整，于是就有了在史家胡同建设一个文化原生态老北京胡同博物馆的初衷。2010 年，街道以工作坊的形式，组织居民代表、在地单位代表、热衷胡同文化研究的专家和学者经过多次共同协商研究讨论，最终实现建设一个以胡同、四合院建筑和人文历史为主要内容，反映京味文化内涵的胡同文化博物馆。经过两年耐心修缮和一年精心布展，史家胡同博物馆于 2013 年 10 月 18 日正式对外开放。

当时，史家胡同博物馆的建设，得到了社会各界的广泛关注与支持，东城区委、区政府专门划拨资金为博物馆的展陈设计、制作给予大力支持，朝阳门街道工委、办事处腾出史家胡同 24 号院的办公用房，作为史家胡同博物馆的核心展示区建设。与此同时，街道整合优化资源，积极引进社会力量的支持，在建设初期，得到了英国王储慈善基金会（中国）的资助，修建了院内主体建筑，后期运行也得到了北京市城市规划设计研究院的支持。

街道选择与北京市规划院共同运营史家博物馆是基于怎样的考虑？

随着大家对老北京风貌保护的意识越来越强，城市规划发展的进步，老城更新改造如何推进得到专业部门的关注。2011 年，北京市城市规划设计研究院因编制《东四南历史文化街区保护规划》而与街道建立了密切合作关系，并以朝阳门街道为试点建立了责任规划师制度，长期跟进地区发展，并于 2017 年建立战略合作关系。同时，将史家胡同博物馆委托北京市规划院运营，是为了探索建立街区保护更新及文化复兴创新实践基地。从此，一批朝气蓬勃的责任规划师为史家胡同博物馆带来了活力。

您对规划师运营史家博物馆成效有怎样的评价？对未来进一步合作运营有怎样的期望？

由于史家胡同博物馆是以博物馆的方式呈现出来的社区公共服务空间，因此，我们一直秉承史家胡同博物馆文化展示厅、居民会客厅和社区议事厅的功能定位。近几年，史家胡同博物馆的运行服务越来越规范，馆内活动丰富多彩，社会影响力也在逐步提升，这些满载激情的责任规划师们充分发挥他们的优势作用，培育了志愿者义务讲解团队，推进了博物馆语音自助导览服务，开展了回家过年、胡同声音、微花园改造、对话童年、名城青苗等特色活动，还引导居民参与院落提升项目，协商社区公约，激发了博物馆的活力，得到了社会的认可。东四南历史街区保护更新公众参与获得住房和城乡建设部颁发的 2017 年度中国人居环境范例奖，2018 年，史家胡同博物馆荣获北京旅游网评选的最受观众喜爱博物馆奖第一名。

未来史家胡同博物馆在保持高质量公共文化服务提供的同时，还是要将注重梳理博物馆优质文化资源作为重点，带动辖区单位、社区及居民积极参与社区共建共治，共享文化创新带来的成果，还要依托新媒体加大宣传推介力度，力求让更多人了解老北京胡同的今昔轨迹，凸显这一街区的城市价值，打造这一街区的城市品牌，把文化积淀变为发展潜力，让更多人通过这一窗口深度了解北京，提升城市的文化品位。

# 宣传规划理念，带动社会参与——参与北京国际设计周

王虹光　赵　幸　刘静怡

## 一、以城市策展促进公众参与

北京国际设计周是文化部、教育部和北京市人民政府共同主办的一年一度的城市文化活动。自2009年至今，设计周始终贯彻"以设计力量改变城市生活、推动产业发展"的主旨定位，以短期内密集开展展览、论坛、课程、评奖等文化活动的方式，为设计师、专家、政府、公众、媒体搭建集中的对话平台。经过数年沉淀，国际设计周逐步发展为全民参与的城市文化盛事。

考虑到国际设计周这一"文化事件"具有激发社会关注、创造更多机遇的作用，北京市规划院希望将规划宣传工作与国际设计周策展活动相结合，让更多市民了解规划理念、规划编制与规划实施，并能积极参与其中，为城市建设与发展贡献智慧和力量。为此，2014年我们开始参与北京国际设计周活动。首先，在前门大栅栏分会场设立了"城市界面（CITY INTERFACE）"展，形成了一系列将专业性的学术研究与趣味性的公众互动相结合的展览、文化活动，以期逐步积累立足专业、对话公众的实践经验。2015年又在大栅栏以快闪活动形式探讨了天陶广大菜市场的改造升级。在参与大栅栏设计周的同时，2015年我们与朝阳门街道办事处一起将国际设计周引入东四南街区，并确定了"为人民设计"的主题，2016年正式建立朝阳门分会场。自此，每年的国际设计周成为宣传老城保护与规划实践的重要途径，也是社区居民与各界朋友交流互动的盛会。

## 二、2015 —— 主动发声促进发展共识

2015 年，我们策划了北京国际设计周"为人民设计"史家胡同 /
内务部街展区。我们一方面希望借助设计周向街区居民展现东四南
地区基于整体保护和公众参与理念形成的街区更新和社区自治的工
作进展，另一方面也试图向社会公众展示我们以协会为平台调动多
方参与街区发展的工作组织。

在史家社区的展区，我们以"找回院子里的生活""我们的史家
胡同"为主题，尝试将史家胡同风貌保护协会成立后，由多方共同
推动的创新实践通过展览和活动生动地展现出来。在"找回院子里
的生活"展览中，我们展示了正在进行中的大杂院院落公共空间提
升项目的设计方案，并举办设计工作坊，由设计师为居民现场讲解
方案、答疑解惑以进一步采纳居民意见；我们基于一年来收集的胡同
口述史创作了讲述胡同历史和社区故事的"我们的史家胡同"手绘
长卷，并组织"胡同故事会"邀请发起和参与口述史收集工作的社
区居民代表和学生志愿者讲述他们听到的故事，引导居民朋友们分
享更多记忆和感受；我们结合设计周开幕式为已孵化成型的"史家社
区公约"举办隆重的签约仪式，并结合胡同微空间装置展出公约全文，
进一步强化了居民共识和自豪感，也向社会宣传了这一居民自治尝

图 1　2015 年国际设计周揭幕

试。这些展览与活动中所呈现出的内容，凝聚了街道、社区、居民、产权单位、物业公司、责任规划师、设计师、高校、志愿者等多方在一年中的共同努力。

在内务部街展区中，我们则将 2014 年"城市界面（CITY INTERFACE）"展览进行 2.0 版的延续和拓展，策划了"诗意骑与行""城市微空间再生""市民的公交站台""CITYIF"和"北京映像"5 个规划科普性分展览。在展览中征集市民对城市公共空间的印象，并以大数据、语义分析等新型技术和可视化手段将公众意见以有设计感的形式展现出来，生动地传递历史文化名城保护、公共交通优化、街道步行环境改善等规划理念。

值得一提的是，每年设计周在 9 月底的开幕时间恰逢史家胡同风貌保护协会成立的纪念日，这一巧合也让我们有机会将每年的设计周视为街区的节日和纪念日，让大家回想起我们曾在这一天共同承诺为建设更美好的家园而努力。

## 三、2016——丰富活动汇聚合作伙伴

首届"为人民设计"展览获得了本地居民和社会公众的广泛认可，也为街区发展汇聚了更多志同道合的朋友们，其中不乏因设计周了解和认可街区实践理念而最终长期驻地的合作伙伴。在 2015 年成功经验的基础上，2016 年我们更加重视以设计周为机遇加强与公众的互动、建立与合作伙伴之间的链接，使更多对街区保护、更新和发展感兴趣的城市空间研究与实践团队能够通过设计周进入街区、了解街区，并进一步成为推动街区长期发展的力量。

在这一年的"城市界面 3.0"展览中，我们联合摩拜单车、澎湃新闻、CITYIF 云平台创新中心、拜客绿色出行、一览众山小等各有所长的跨界团队，策划了"地铁遇上婴儿车""贴贴贴""骑行改变城市"

图 2  2016 年设计周开幕仪式——剪彩            图 3  2016 年设计周胡同装置

等公共交通设施体验、慢行交通主题展，吸引了众多市民参与体验并进行互动；与中央美术学院建筑学院联合策划"城市公共空间的在地再生设计研究——以北京旧城为例"主题展览，与北京工业大学建筑与城市规划学院联合策划"胡同 WE 空间——东四南历史文化街区公共空间研究"主题展览。借助展览的机会，这些研究机构、社会组织、高校和媒体得以深入观察街区中的现象，并与街区居民、社会公众展开或通俗或学术的探讨，不仅传递了规划理念，更为街区发展贡献了智慧。

同时，我们也越发重视策划体验式的互动活动，让更多普通人理解城市规划的知识和我们在街区内的创新实践思路。为此，北京市规划院团委策划开展了"我们的城市"规划教育启蒙系列活动，邀请北京工业大学、中央美术学院、清华大学等高校师生开设面向儿童的城市规划启蒙课程，借助讲座、手绘、手工等形式，与志愿者们一起带领孩子们共同营造"理想城市空间"，以寓教于乐的形式传递城市规划的理念与责任；北京市规划院的规划师策划了"规划师带你逛北京胡同"主题活动，由责任规划师带领公众参观东四南历史文化街区，一路串联了文物、历史建筑、改造的院落及规划实践基地、设计周分展区等，生动展现了胡同－四合院的文化内涵和责任规划师们开展的丰富实践。

图 4 "规划师带你逛北京胡同"主题活动

## 四、2017——挖掘展现街区整体资源

2017 年 3 月,北京市规划院与朝阳门街道办事处签署史家胡同博物馆共建协议,这一新的活动平台使我们在日常有机会复制设计周经验,通过展览和活动传播规划理念、汇聚合作伙伴。与此同时,长期扎根的实践基地也可以让责任规划师们更深入全面地观察、体验街区,对其深厚的文化底蕴与丰富的居民生活有了新的认识。因此,在 2017 年的国际设计周中,我们尝试挖掘和展示更立体、完整的东四南街区魅力。我们把与社区、居民共同挖掘到的街区历史建筑、名人故居、口述故事、居民达人、特色商业、文化空间、街区微更新实践点等反映胡同文化生活与活力的各类资源集结在一张地图上,鼓励公众领取地图、探索胡同,从而以更多元、更生动的视角和方式向人们展现这里丰富的历史文化资源、交融的社会网络、活跃的创新探索和充满人情味的社区故事。

在策展形式上,我们亦有所创新。考虑到以展板形式呈现工作成果与理念虽然简明、清晰,却存在形式枯燥、呆板的问题,难以吸引公众仔细阅读,亦无法让公众直观感受到社区培育实践的活力和乐趣。为此,我们在博物馆的院落中临时搭建了一系列大大小小的彩色亚克力小房子,用喷绘的方式在亚克力小房子的"墙壁""屋

**用色彩点亮历史街区**

　　2017 年国际设计周期间的史家胡同博物馆让人大开眼界——在沉稳的灰砖青瓦间，一连串亚克力小房子流光溢彩，古与今、静与乐被阳光串联起来，吸引观众钻进钻出、自在赏玩。不经意间，大家可以在色彩中、影子中发现一行行、一幅幅讲述社区培育理念与实践工作成果的文字、图案，生动体会到街区更新的创意与乐趣。虽然只是临时装置，但这些五颜六色的小房子为历史街区增添了别开生面的彩色意象，成为那年设计周的宝贵记忆，也让我们看到了将严肃的规划工作变成富有传播力的"网红景点"的可能。

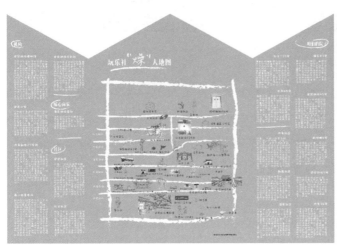

图 5　玩乐社"燥"大地图

图 6　2017 年国际设计周

图 7　2017 年国际设计周论坛现场

顶"上展现出院落提升等街区微更新实践案例的理念、过程及成果。晶莹剔透的小房子吸引了大量观众驻步观览、合影，并主动发送至自媒体、朋友圈，社区培育的丰富实践与精彩创意得以被更多的公众了解。

## 五、2018——营造相互链接的社区生活圈

　　挖掘与展示街区资源不仅是为了展现街区魅力，更是为了创造资源之间相互链接的可能。2018 年，我们协助街道办事处搭建了"东四南精华区治理创新平台"，尝试链接街道、社区、居民、在地单位、服务机构、外部合作方等各类资源，孵化能够落实上位要求、

图 8 "东四南精华
区治理创新平台"
历程展

满足居民需求的街区更新项目。与此同时，北京市规划院与中社社
会工作发展基金会联合成立了"中社社区社培基金"，试图以公益平
台链接更多社会资源，支持街区更新与社区发展中的创新尝试。因此，
2018 年的设计周中我们也围绕这两个平台展开策划，试图展现我们
眼中相互链接的社区生活圈。

为让大家更好地了解"东四南精华区治理创新平台"的作用，
我们将创新平台的组织架构、大事记、工作成果与愿景展示在由上
百个彩色盒子组成的装置之中，同时在装置之上安放一系列展现胡
同微花园、院落提升、口述历史采访、厕所革命等实践场景的"小
小世界"微缩模型，邀请街区居民和在地伙伴更直观了解街区曾开
展的工作和努力的方向，以平台为媒介实现本地资源的链接。同时，
为推广新成立的"中社社区社培基金"，我们以社培基金"美好社区
计划"的 4 个支持方向（技术革命、落地项目、社区故事、社培学
院）为灵感，写下了数十条我们对于美好社区的想象，将其制作成"社
造祝福签"并布置"社造上上签"展台邀请观众抽取，在有趣的活
动中寻找有相同价值观的伙伴，以基金为媒介凝聚更多外部资源。

另一方面，我们亦希望通过设计周活动链接街区内的不同人群，
因此我们策划了面向老年人的"复古电影院"、面向青年人的网红

图 9 "社造上上签"互动现场

图 10 小小世界——胡同茶馆

图 11 "社造上上签"公众自发留念

图 12 复古电影院

图 13 社造如果墙

图 14 社造游乐场

"社造如果墙"、面向儿童的"社造游乐场",让不同年龄的本地居民、外来观众在博物馆这一社区文化空间内相互交融。不仅建立了人与人之间的情感连接,更直观地展现了儿童友好、老年友好等理念在社区公共场景营造中发挥的作用。

**当博物馆变身"游乐场"**

提及胡同，大多数人会想起厚重的历史、宁静的生活，其实胡同也是居民的公共空间，充满了动感与朝气。所以在设计周这个特殊的日子里，我们希望能将博物馆这个胡同里的公共空间变身为老人、青年与儿童共同的"游乐场"！让街区轻松起来、让胡同充满欢笑、让居民耳目一新——"复古电影院"的影片引发了老一辈共同的回忆，"社造如果墙"吸引年轻人留言、合影打卡，"欢乐海洋球"让孩子与父母流连忘返，"小小世界"模型则让所有人看到社区培育的具象场景。

## 六、2019——推广可持续发展的社区

随着多年工作的不断积累，东四南地区已逐渐形成了多元力量共同参与街区建设的良性生态。因此，2019 年的国际设计周朝阳门分展区以"可持续社区"为主题展开，我们也从街区物质环境更新、社区公共空间运营、社区文化发展等方面探讨如何推动街区的可持续发展。

为展现历史街区建筑可持续的保护更新技术，我们以史家胡同风貌保护协会为平台联合房管所共同策划了"胡同房屋修缮指南"展览。展览中展出了胡同四合院平房建筑保护修缮的传统工艺、传统材料和实施过程，以及在保护传统风貌的同时实现建筑保温、节能等需要的新技术，展现传统工艺的传承和现代技术对保持历史街区生命力的作用。

为展现社区公共空间的可持续运营，我们通过东四南精华区治理创新平台推出"朝阳门: 街区更新下的空间活化"展览，展出了多年来朝阳门街道办事处利用东四南街区的空间资源引入社会机构运营为居民提供多类型公共服务的实践成果。街区内点状的公共文化空间形成了吸引居民交流沟通的磁石，激活了社区文化，让历史街区焕发生机。鉴于北京市规划院与朝阳门街道办事处共建史家胡同博物馆已有三年时间，我们亦邀请长期参与博物馆建设的专家、志

图 15　2019 年北京国际设计周－拼·街空间　　图 16　2019 年北京国际设计周团队合影
互动装置

愿者和居民共同探讨如何更好地发挥博物馆的社区精神祠堂和社会
资源平台作用，在保持公益性的同时实现自我造血功能，以更好地
推进社区建设和保持社区文化空间可持续运营。

　　同时，为展现社区文化的可持续发展，我们再次以街区多年开
展的口述史工作为主题策划展览，并邀请历年口述史项目的代表性
牵头人分享经验与成果。在大家的交流和碰撞中，我们愈发感受到，
在历史文化的不断传承和创新文化的蓬勃发展中，东四南地区已形
成鲜活的街区魅力和坚定的社区精神，成为街区可持续发展最重要
的原动力。

## 七、朝阳门 Talk——以论坛对话促成跨界经验分享、推动理念升级

　　从 2015 年的设计周起，我们即邀请国内外专家围绕街区更新、
社区培育、社会治理等话题进行主题交流，后逐渐形成了一年一度
的论坛品牌——"朝阳门 Talk"。它既是集中展现在地实践成果与理
论思考的宣讲会，也是促成本地实践者与外来专家对话的交流平台，
为营造学术氛围、发掘合作伙伴、孵化实践项目奠定了宝贵的交流
基础。

**2015 年国际设计周论坛——"旧城历史街区：保护、更新与社区参与"国际研讨会**

Jurgen Rosemann（荷兰代尔夫特理工大学建筑学院教授、新加坡国立大学设计与环境学院教授）：欧洲城市中的社会参与运动

夏铸九（台湾大学建筑与城乡研究所教授）：台湾历史街区的社区营造案例

冯斐菲（北京市城市规划设计研究院城市设计所所长）：北京历史街区公众参与的探索与实践

罗家德（清华大学社会学系与公共管理学院合聘教授、博士生导师）：国内社区营造案例与方法路径

赵幸（北京市城市规划设计研究院规划师）：史家胡同风貌保护协会实践探索

2015 年，为了让社区居民、基层政府和志愿者能够就历史街区保护中的社区参与建立更深刻的共识，论坛邀请了国内外专家学者、胡同居民、社区工作者、规划师、高校志愿者、基层政府领导，分享欧洲和国内部分省市及台湾地区的社区营造案例与经验。

2017 年，随着越来越多的大城市进入城市存量更新时期，社会治理受到前所未有的重视。激发社区内生力量、促进社区自治成为城市更新工作不可或缺的一环。为此，我们策划了"城市更新中的社区再造"论坛，邀请来自台湾、重庆、南京、北京等城市的专家和一线工作者分享各自城市更新项目的社区活化与再造实践经验，探讨城市更新理念与潜力。

2018 年，我们结合博物馆运营工作，策划了"社造 IN 场所"主题论坛，邀请台湾、成都、上海、北京等地专家分享社区公共文化空间运营经验，探讨以场所激活、带动社区培育的路径与意义。

2019 年，北京市规划和自然资源委员会正式发布《北京市责任规划师制度实施办法（试行）》，在全市全面推行责任规划师制度，使之成为助力基层政府提升城市规划设计水平和精细化治理能力的重要机制。朝阳门街道是东城区责任规划师制度的试点基地，为此，我们将本期论坛主题定为"陪伴、协力、共生"，邀请行业领导、基

层政府领导、专家、社会公众与东城、西城、朝阳、海淀四区责任规划师团队共同交流实践经验，为责任规划师工作的有效开展探寻思路、建立共识、增添动力。

　　同时，为了让更多社区居民和社会公众亲身体会协商议事的过程与意义，我们在博物馆举办了一场别开生面的参与式设计游戏工作坊。工作坊从城市规划公众参与理念出发，借鉴上海大鱼营造工作坊游戏机制，以东四南历史文化街区更新实践经验为基础，面对胡同、老旧小区的实际空间场景，邀请参与者共同发现问题、商议解决办法、积极开拓资源，形成可落地、可持续的空间更新和社区治理方案。

图 17　参与式设计游戏工作坊

**什么是参与式设计？大家一起来做个游戏吧**

　　胡同与老旧小区中的公共空间"小问题"真是多，可是问题的根源、改善的途径在哪里呢？在实践中，我们慢慢地意识到，只有大家共同发现问题、讨论问题、共享资源、相互合作，才能达成共识、促进改善。而上海大鱼社造的"卡牌游戏"给了我们启发：能否将我们的经验转化为一套角色扮演、协商共议的游戏机制，让每个参与游戏的人都触摸到"公共空间改善"的钥匙呢？通过一个月的策划、反复的讨论和试玩，基于东四南经验的参与式设计游戏工作坊出炉了，并通过博物馆公众号向社会招募了40名参与者。本来还担心公共空间话题对于公众来说太难了，没想到大家的接受度非常高，每个人都有意见要说、有建议想提、有资源要贡献，现场讨论极其热烈。大家不仅形成了问题共识，还基于游戏设定的资源条件，形成一套套有落地潜力、和可持续性的公共空间提升方案。小小的游戏不仅让责任规划师和公众得以共同探讨"可持续社区"理念，更让我们感受到公众对公共事务的积极性和参与的宝贵价值。

## 2017 年朝阳门 Talk——城市更新中的社区再造

康旻杰（台湾大学建筑与城乡研究所副教授）：边陲社区的边缘效应——台北蟾蜍山聚落的保存行动与社会可持续力

黄瓴（重庆大学建筑城规学院规划系教授）：进与退：重庆城市社区更新实践分享

吴楠（美国 UID 建筑设计事务所首席代表，南京互助社区发展中心、翠竹社区互助中心理事长）：一个社区的成长——社区互助参与营造模式浅析

刘佳燕（清华大学建筑学院城市规划系副教授）：走向社区发展的后更新时代：新清河实验的探索

赵幸（北京市城市规划设计研究院规划师）：生根发芽——东四南历史街区规划公众参与及社区营造实践

## 2018 年朝阳门 Talk——社造 IN 场所

萧百兴（华梵大学建筑学系教授）：地域文脉与社区营造——公共空间作为社会生活与文化认同的凝塑器

闫加伟（社邻家创始人、社会创新实践者）：公共空间运营的意义和逻辑

张海波（成都幸福家社会工作服务中心支部书记，理事长）：参与式公共空间营造——以成都社区营造为例

刘伟（熊猫慢递创始人、白塔寺街区会客厅负责人、城市更新与旧城保护咨询顾问）：城市公共空间的资源聚合与能力延伸

王虹光（北京市城市规划设计研究院社区规划师）：原来你是这样的博物馆——社区文化空间运营实践分享

冯胥涵（2014 年担任北京 ONE 艺术周活动执行总监，朝阳门社区文化生活馆活动执行主管）：以艺术之名爱上一个社区——胡同里的公共艺术课

马牧思（史家胡同文创社社长，北京昭微时代文化传媒有限公司总经理）：文创社区共享链

## 2019 年朝阳门 Talk——陪伴、协力、共生

冯斐菲（北京市城市规划设计研究院城市设计所所长）：从试点到推广——北京责任规划师制度解读

赵幸（北京市城市规划设计研究院规划师）：菊儿胡同到史家胡同 ——东城区责任规划师制度发展与探索

刘欣葵（首都经济贸易大学城市经济与公共管理学院教授，硕士生导师）：顾问与操盘手——西城区责任规划师嵌入基层治理机制的制度创新与实践探索

刘佳燕（清华大学建筑学院副教授）：海淀区街镇责任规划师制度及新清河实验的实践分享

唐燕（清华大学建筑学院副教授）：朝阳而治——葵花籽的街道责任与陪伴担当

## 八、总结——以城市文化事件促进社会共识建立

通过数年的积累，北京国际设计周已成为设计、创意等专业实践者与社会公众普遍认可的跨界交流平台。而在我们的努力之下，朝阳门国际设计周成为街道、社区、居民及责任规划师、社会公众跨界交流的平台：

（1）为基层实践发声。用大众喜闻乐见、容易理解的形式，系统、深入地展示工作理念、方法和背后的思考以及每年的成果，起到很好的宣传作用，为实践营造积极的社会环境。

（2）展现街区风采。将其作为一年一度的文化盛会，不断向居民与公众宣传街区文化价值和发展变化，强化居民的家园共识，让公众感受街区风采。

（3）宣传目标愿景。围绕保护更新与社区建设的大目标持续展示工作模式创新与成果进阶，如居民口述史发掘、社区公约制定、院落空间提升、胡同微花园营造、菜市场改造等，系统、深入地向居民与公众展现街区的目标愿景，激发信心。

（4）吸引社会资源。通过设计周的策划、组织以及在整个活动过程中，可以发掘适宜的专业机构，建立长期、跨界的合作，促进社会多元力量参与街区保护更新与社区建设。

# 专 家 点 评

牛瑞雪
北京 ONE 艺术创意机构 /27 院儿——朝阳门社区文化
生活馆创始人，北京国际设计周朝阳门分会场总策划

从 2016 年 到 2019 年的国际设计周朝阳门分会场，您觉得最大的变和不变分别是什么？您觉得城市策展在街区更新和社区治理中可以发挥怎样的作用？

朝阳门街道从 2015 年就开始加入北京国际设计周，当时的选题非常好，叫作"为人民设计"。把"以人为本"当作核心的项目在那几年并不多。在 2016 年我们接手的那年，将朝阳门从一个项目升级为了一个分会场，当年朝阳门分会场的人流量很大，我们做的一些活动也转化成可以长期运营的项目。

在这个基础上，到了 2017 年，有很多小的文化机构涌现出来，与我们进行联动，我们把这个概念叫作"文化共同体"。它们使在地居民的文化生活丰富了许多。像史家胡同博物馆、朝阳门社区文化生活馆 27 院儿这种比较大的在地文化点，甚至可以带动 1～2 个社区。我们发现，其实社区营造不仅需要强调以人为本，还需要建立一套模型和机制。

所以到了 2018 年，选题升级到了"为人民设计 4.0"。这几年明显看到了居民的变化。最开始居民参加这种文化活动就像完成任务一样，然后慢慢有了兴趣驱动，到 2018 年的时候，他们开始希望能成为主导人。这时我们发现了一个新的维度，以前"家"指的是血缘关系，但我们突然发现社区其实是某种更大的"家"的维度。所以那一年的主题就叫作"社区生活圈"，希望把家园这个概念跟社区这个概念融合起来，那一年居民的参与度就高了很多。

到了 2019 年，我们讨论的是"可持续社区"，就是社区发展的自我造血。居民的参与度更大了，基本上有 40% 的内容都是居民组织的。虽然今年的人流量没有往年大，但是来自各方的满意度反而比往年都高。2020 的主题我们暂时还没有确定，但肯定是围绕着社区持续讨论下去，形成一个经验交流的场域，在借鉴其他实践者的经验的同时，也把我们的有效经验分享出去。

设计周把一些外来的东西带到历史街区，这些新鲜的事物和老城空间形成了怎样的关系？

我认为"外来的"只是一个表面现象。因为当代公共艺术的系统是从西方传过来的，而且我们团队很多人都有留学背景，所以大家可能在表面上看起来它是一个外来的东西。其实我觉得我们做的这些只是一种符合时代的表达。朝阳门这几年在设计周中的表达，是来自于在地的历史文化传统，并且做了符合时代审美的转译，所以我们其实并不是艺术介入社区，而是为社区而生的艺术。

我觉得其实街区更新依靠的不是外来力量，而是在地力量。外来力量可以作为一个引导和样板，把认知和理念打开，然后我们需要把这些外来的力量转化为在地的方法和模式，让在地的居民来建设自己的家园。最开始我们也在这条路上走了一点弯路，直接把外面的方法拿过来，但是会发现它不一定适合当地。在地的东西是特别精细的，一条街之隔就都不一样，史家和内务不一样，内务跟演乐也不一样，如果深挖的话，会得到很多养分。当我们真正关注和老百姓密切相关的事情时，他们就能看懂我们的工作，我们才能一点一点与老百姓达成共识，甚至可以慢慢引导着他们往前走。我觉得这才是我们更准确的定位，也是把我们和其他的设计周分会场区分开来的一个因素。

贾蓉
CitylinX 设计联城创始人 &CEO,
城市更新跨界策展人与实践者

请问您最初在历史街区引入城市策展的初衷是什么？

最早是在 2011 年时我们确定了老城有机更新、开放生长的发展模式之后，就希望尝试城市策展的想法。因为面对一个大难题，我们希望用跨界的思维，链接更多群体共同去探寻答案。当确定了自愿腾退模式之后，就在全球寻找了很多可以在老城中有自己文化内涵的"酒香不怕巷子深"的案例，研究他们的内容特征。我们发现这些案例的参与者很多都是设计师、艺术家和独立文化人，许多人专门做这种社会创新的产品。所以我们就想在北京尝试一下这种"软性"的活动，看一下这种新的群体和老街区之间会发生怎样的反应。

我们发现设计周可以给老城带来一个非常好的展示和对话的平台，以及联系跨界资源的机会，可以给老城带来很多活力和新的可能性，是个和居民交流的入口。如果我们直接去面对居民的话，可能就会触及一些很直接的利益点，但在设计周中，居民可以和各方参与者有更多的非正式的交往。

以您的工作经验和视角，规划师应当如何利用好城市策展这样的手段，使之发挥推动城市更新和街区治理的作用？

我觉得规划师首先应该和更多元的群体合作。这些群体至少包括建筑师、社会学家、人类学家、历史学家，以及做这种文化挖掘和再生的专业人士，当然很重要的是在地居民与在地商业，还需要一些熟悉商业与运营的人士。现在的老城转型大部分对商业是不敏感的，但这又是我们做老城转型必不可少的一部分，所以缺失的这一块必须要补上。

在城市策展中有几点特别重要，第一是切忌变成赶场的活动，必须要和长期的发展相结合。第二是必须跟当地的特色相关，使它可以自我成长。自我成长不仅仅是参与性的，更重要的是可以发展本地经济，特别是设计，要能够推动本地的文化价值。第三是要更开放、更全面、更落地一些。我们的本意不是为了做设计周而做设计周。设计周对于我们来讲，是一个很好的展示交流平台，还是要回归到老城更新本身，回到自身的项目目标与行动本身。

在您看来，居民从国际设计周中获得了什么？

最重要、最直接的是居民在这个期间很开心。设计周给了居民一个非常开放的机会，以各种各样有趣的方式了解本地文化、了解未来可能发生的事儿、了解城市更新的可能性，并发表自己的看法。也给了实施主体很好的机会，让居民积极地参与，让他们能通过一些多元的方式，参与到老城更新与治理当中。

另外，我们发现以前许多居民对街区历史文化的了解很薄弱。在以往的社区工作中，大部分居民可能会更倾向于去选择物质性的、更直接的一些利益，我们做文化类活动的时候，许多人不觉得历史文化有那么重要的价值。这个时候，设计周就是一个培养乡愁和历史感的特别好的方式。尤其是对于年轻人和生长在这里的小孩子来说，历史的这种厚重感和价值可以深植于他们的生命之中，提升他们的文化自信。

# 从娃娃抓起——"名城青苗"项目

王虹光 刘静怡 杨 松

## 一、缘起

从 2017 年北京市规划院与朝阳门街道办事处联合运营史家胡同博物馆以来,责任规划师将博物馆作为文化展示与规划宣传的基地,面向社会公众持续开展形式多样、主题丰富的宣传教育活动。到 2018 年,我们逐步发现,博物馆里"小观众"的身影越来越多。他们既有来自史家小学等周边学校的小学生,也有来自北京其他区乃至外地的儿童。有的小观众以班级为单位,在老师的引导下来博物馆上"课外课";有的则以家庭为单位,在家长的陪伴下来博物馆了解历史文化。2018 年全年,博物馆平均每周接待 2 ~ 4 个中小学班集体以及带子女的家庭 30 余家。通过调研到访的学校和家庭,我们发现,很多老师和家长都希望让孩子了解古都历史和胡同文化。

自 2014 年起,北京市规划院团委开展了"规划进校园活动",定期组织规划师进入中小学课堂,以通俗易懂的方式向孩子们宣讲规划知识。那么,有没有可能以史家胡同博物馆为基地,长期开展面向青少年儿童的古都文化与城市规划宣教活动呢?这一想法得到了北京市规划院和中社社区培育基金的大力支持。于是,以 2019 年 4 月的"中国原创儿童图书插画展"为起点,"名城青苗"公益项目启动了。

"名城青苗"中的"青苗"一词取自"青青园中葵,朝露待日晞"。在我们看来,城市不仅是儿童成长和玩耍的共同家园,也是学习和探索的广大课堂。为培养热爱名城文化、关心城市发展的小小城市

图 1　2019 年名城青苗夏令营活动

主人翁，我们针对 6 ~ 12 岁儿童的兴趣与认知特点，精心策划并持续开展古都历史和古建知识讲座、非遗手工坊和"小小社区规划师"参与式工作坊，以及胡同探访等活动，拉进了孩子们与城市的距离。"名城青苗"项目启动一年来，已经举办 18 场形式丰富、主题有趣的活动，获得老师、家长、儿童和社会公众的广泛好评。

"名城青苗"项目是在北京市规划院和中社社区培育基金的支持下启动的，之后又得到朝阳门街道办事处、史家社区、史家小学、父母必读出版社、遗介等多家单位和文化机构的大力支持，并在北京市规划和自然资源委员会宣传教育中心的指导下，与"我们的城市——面向儿童的城市规划宣传启蒙计划"展开密切合作。

## 二、活动策划

儿童是民族的未来，也是城市的未来。"名城青苗"项目的目标，并不在于让儿童获得高深的历史文化知识与专业的城市规划技能，而是通过有趣的内容主题与持续的互动交流，培养儿童对古都文化、城市规划的兴趣和认知力，以及主人翁的责任感。因此，该项目策划十分重视主题选择和互动形式，以寓教于乐的方式，带动儿童快乐学习、积极思考。

总体来说，"名城青苗"项目包含三类主题，分别是古都文化、城市生活与社区规划，而北京市规划院的成果积累和责任规划师团队的实践工作为上述三个主题提供了有效的支撑。围绕不同的主题，采取了多样的活动形式，包括读书会、手工、绘画、胡同探访等，其中既有时长为 3 小时左右的单场活动，也有面对同一班儿童持续开展的系列工作营。

## 三、古都文化

为促使儿童了解历史文化，关注名城保护，我们策划了中轴线、古建筑、城市历史、传统节气等古都文化主题活动。这些活动多以时长 3 小时的单场活动为主，包含展览、读书会、手工等形式。这些儿童喜欢的互动活动由规划、古建等专业人员在现场指导完成。孩子们在学到历史文化名城相关知识的同时，心中无形中埋下热爱古都的种子，成为传统文化的小小传承人和保护者。

（一）案例1 中国原创儿童图书插画展与名城青苗图书角

作为"名城青苗"公益项目的起点，我们率先想到了"绘本阅读"这一广受家长与儿童喜爱的学习形式。2019 年在父母必读出版社、北京蒲蒲兰文化发展有限公司、禹田文化传媒等出版单位的支持下，我们精心挑选了一批主题围绕城市历史与生活，且画面生动、故事精彩的绘本在博物馆展示供孩子们翻看，同时将其中较有代表性的插图放大在墙面展示。不大的展厅自动变成了"图书角"，小朋友和家长一字一句阅读绘本，来而忘返、其乐融融。动人的阅读场面充分体现出公众和儿童对古都文化的浓厚兴趣，而这种寓教于乐的形式得到了众多学校、家长和孩子的好评。

（二）案例2 《北京——中轴线上的城市》读书会与北京中轴线申遗

2018 年，酝酿了十年之久的北京中轴线申报世界文化遗产列入市政府重要工作，得到了社会各界的普遍关注。为了让儿童也能了解到北京中轴线这一宝贵历史文化遗产，我们于 2019 年 4 月策划了《北京——中轴线上的城市》读书会，邀请了行业专家作为讲师。包括，"故事爸爸"杨鹏老师结合知名画家于大武

图 2　中国原创儿童图书插画展现场照片　　　　　　图 3　《北京——中轴线上的城市》读书会现场照片

创作的《北京——中轴线上的城市》一书，为儿童详细介绍关于北京城建知识；北京市城市规划设计研究院名城保护专家李楠给儿童答疑解惑；清华大学建筑设计研究院文化遗产保护中心的规划师邵龙飞借助胶带、印章等材料，引导儿童描绘出自己心中的中轴线。

（三）案例 3　儿童古建学习之旅得到媒体关注

　　2019 年 7 月，结合儿童放暑假的契机，我们在北京市规划和自然资源委员会"我们的城市——北京儿童城市规划宣传教育计划"指导下举办名城青苗夏令营，邀请遗介、山原猫等建筑遗产科普团队开展"北京曾经是座水城""中国古代建筑 - 神奇的坡屋顶"等 5 期古城、古建教学课程。来自北京工业大学等高校的建筑学、城乡规划和风景园林学的研究生以生动直观的现场互动形式，为儿童展示了古代城市营造与木构建筑的巧妙。例如，在"神奇的坡屋顶"课堂上，"遗介"团队的骆凯同学用木块、水壶、海绵块、量杯等工具现场模拟下雨时古建屋顶的防水过程，吸引儿童瞪大眼睛、认真学习和思考。课程结尾时他还留了讨论题：已经长草的古建筑屋顶要怎么办？于是，孩子们纷纷化身"小小文化遗产保护专家"，你一言我一语为古建保护提建议。这种专业性高、互动性强的课程受到了家长和儿童的普遍好评，也吸引了《人民日报海外版》、人民网、首都之窗等媒体的持续报道。

图4 名城青苗夏令营"神奇的坡屋顶"
活动现场

图5 名城青苗传统节气手工泥塑活动

此外，为让儿童切实感知传统节气、节日等生活文化，我们发挥博物馆的平台作用，在邻近节气、节日时，邀请合作方开展泥塑手工活动，让孩子们在制作泥塑兔儿爷、门楼的同时，了解传统的生活文化、建筑文化。

## 四、城市生活

为促进儿童关心身边的公共空间与生活，培养他们对城市环境的好奇心与责任感，我们以绘本阅读、城市探访、手工制作等方式，将责任规划师们在历史文化街区开展的保护更新实践内容融入"名城青苗"项目中，形成一系列以城市生活为主题的课程、活动。例如，结合"咱们的院子"公众参与行动，我们策划"四合院里的小时候"读书会，引导家长和孩子探访史家胡同保护院落，了解公众参与的杂院提升实践；基于城市菜市场更新话题，我们选取"菜市场的故事"，以捏制橡皮泥水果等形式让孩子们将城市空间与自己的饮食生活联系在一起，体会城市生活中的烟火气与乐趣；结合"胡同微花园"实践，策划了"我爱大自然——花园里的四季"绘本阅读，邀请中央美术学院侯晓蕾老师分享胡同中各种各样的花草种植，以及与居民一同提升微花园的经历。

## 五、社区规划——"小小社区规划师"参与式工作营

在责任规划师团队与朝阳门街道办事处等多家单位共同推进的

图 6 "菜市场的故事"读书会现场

"咱们的院子"院落公共空间提升试点项目中，贯彻了《北京城市总体规划（2016年—2035年）》关于"坚持人民城市人民建、人民管，依靠群众、发动群众参与城市治理"的要求，形成了一套公众参与社区环境提升的工作方法。在2019年联合国儿童基金会的《构建儿童友好型城市和社区手册》中提出，儿童友好的城市或社区，儿童的心声、需求、优先事项和权利是当地公共政策、程序、决策不可缺少的一部分。那么，儿童有没有可能作为社区的一分子，为公共环境提升贡献力量呢？这一问题触发了我们思考如何开展社区规划的儿童宣教活动。

为此，我们将社区规划工作涉及的城市规划知识、调研分析方法、沟通合作技能、空间布局思考等知识与技术，以适合10岁左右儿童能理解、学习的形式，形成一套连贯、系统、参与式的教学方案，并采取"小小社区规划师"参与式工作营的方式推广，即邀请孩子们与责任规划师们一同观察身边的空间与生活，为社区环境提升贡献自己的思考和力量。这一策划得到了中社社区培育基金、朝阳门街道办事处、史家小学二年级部与北京市规划和自然资源委员会"我们的城市——北京儿童城市规划宣传教育计划"的大力支持，于 2019 年开展了完整试点。

（一）"小小社区规划师"工作营教学框架

"小小社区规划师"工作营的教学目标，包括锻炼儿童的认知能力、设计思维、协商能力和培养儿童的家园责任感 4 个方面。为实现这一目标，我们结合在社区实践的经验，设计了一套"学""用"结合、学以致用的教学计划。

图 7 "小小社区规划师"工作营教学框架

用——带领儿童一步步经历从"发现问题"到"解决问题"的参与式规划实践。

学——随着各实践环节的开展，普及城市规划、空间设计等知识与技能。

"用"和"学"的密切配合，既为孩子们设立了明确的目标和挑战，让他们全程保持高昂的兴趣和紧张的参与感，又避免了全新的知识与问题带来的无从下手的挫败感，让他们随着课程内容的深入，积极开动脑筋、主动学以致用，同学之间自发相互学习、讨论、交流，形成了既合作又竞争的学习氛围。

"小小社区规划师"工作营教学目标分解表　　表1

| 教学目标 | 学 | 用 |
|---|---|---|
| 认知能力 | 城市历史、社区文化、公共设施、规划流程、空间环境特点认知、空间环境与人群行为关系 | 观察社区，发现问题，绘制社区问题与需求地图（Mapping） |
| 合作能力 | 团队合作与竞争中的沟通、商议与表达能力 | 小组合作、理念宣讲、设计汇报 |
| 设计思维 | 关键问题筛选、规划设计方案表达、环境既定问题和发展潜力判断、公共设施布局方式、经典设计案例赏析 | 形成规划设计方案制作社区方案模型 |
| 家园情怀和责任感 | 城市规划的目标与意义、责任规划师实践案例与理念 | 参与公共事务的主动性、独立思考与自主负责的主人翁意识 |

**（二）"小小社区规划师"工作营课程**

1. 第一节课——知识启蒙

介绍城市历史与城市规划等基本知识，启发儿童理解"美好家园"和"城市、社区"的涵义，进而借助手绘展现理想社区。

（1）北京历史文化简介：北京城历史变迁、胡同－四合院文化内涵。

（2）城市规划与社区规划知识普及：城市、社区与规划的定义、基本要素、评价标准。

（3）社区规划案例分享：《咱们的院子》绘本领读，引导学生了解多元主体参与社区规划的方式与效果。

（4）绘制理想社区：3～4名学生结成一个小组，共同绘制理想社区蓝图，包括社区成员、公共空间和活动，体现儿童视角下社区生活的丰富性与复杂需求。

2. 第二节课——社区 Mapping

培养儿童以社区调研的方式对自己生活的社区提出问题和想出解决方法。以社区 Mapping 为核心方法，在老师和助教的指导下，小学生们对史家胡同进行踏勘并绘制调研报告，从儿童的角度观察社区、发现问题、解决问题，并在最后进行问题梳理与解决方法的图示化表达。

（1）自由讨论：引导学生列举社区内可能发生的各类活动。如：玩耍、购物、休息。

（2）案例学习：向学生介绍提升公共环境、服务社区活动的优秀设计案例。

（3）现场调研：引导学生观察社区和重点调研地段的构成要素。如：建筑、车辆、树木、动物和人群活动，评价环境现状，分析社区问题和潜在需求。

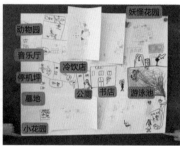

图8　第一节课成果案例：儿童绘制的"理想社区蓝图"

图9　第二节课社区调研现场照片

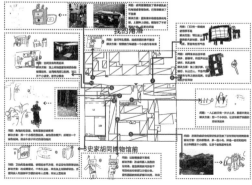

图10　第二节课成果案例：社区问题/需求地图（Mapping）

图 11　第三节课现场照片：用模型推敲方案　　图 12　第四节课现场照片：小组方案展示

（4）绘制地图：绘制社区问题／需求地图（Mapping）并提出改造建议。

### 3. 第三节课——深化规划设计方案

基于前两堂知识启蒙和社区 Mapping 课程，责任规划师和助教引导小学生们就上一期调研的问题提出解决方法，并用模型表达创意，展现儿童视角下的、丰富多彩的美好社区。

（1）方案讨论：教师引导学生分组讨论改造建议，明确各组地段的规划焦点。

（2）模型制作：学生分组制作模型，并借助模型理解空间尺度、推敲想法，逐步深化规划设计方案。

### 4. 第四节课——规划方案表达

引导学生回顾社区规划过程，注重推导过程和逻辑关系，总结思路与心得；组织学生以小组为单位，分工协作，完整、系统地介绍规划方案。

**（三）课程尾声**

"我想在校门口增加座椅，家长在等着孩子放学的时候可以下棋、休息。"

"胡同里有很多宠物，我希望建一座宠物乐园，还有小鸟的窝，让小动物在社区里快乐生活。"

"灰色的电箱太丑了，能不能在上面画画，展现胡同历史，还可

图 13 "我们的城市"白皮书发布会现场

以挂上钟表，让大家都能看到时间。"

"廊架下希望增加扶手，这样老爷爷老奶奶走过这里时更安全，坐下后也比较容易站起来。"

"这里堆着杂物、垃圾，下水道还有臭味儿，我们想做一个垃圾机器人，它能把垃圾、污水收集起来，分类处理、循环利用。"

作为课程的收尾，小小社区规划师们在北京市规划自然资源委员会宣教中心"我们的城市——面向儿童的城市规划宣传启蒙计划"白皮书发布会现场，面向城市规划师、教育专家、博物文教专家展示了团队合作完成的 6 处社区空间提升方案。方案中既有儿童视角下的独特观察，也有真挚的思考和扎实的分析，更有饱含童真的灵感与创想，博得了专家、媒体与社会公众的一致好评，让越来越多的人关注起社区规划公众参与中儿童的声音。

（四）反馈与思考

"小小社区规划师"实践结束后，我们邀请家长、学生分别对课程进行匿名反馈，评估内容包含：综合评分、课程收获、家长互动、推荐意向、参与兴趣、课程内容理解程度、实践课程参与感受以及意见建议。反馈结果显示，家长学生普遍反映通过课程学习，收获很多，对城市规划知识和社区规划知识有了一定的了解和学习，并表示期待参与升级版的城市规划主题实践课程并推荐给朋友。

"小小社区规划师"实践课程不仅引导儿童掌握社区构成、空间设计、社区规划流程等知识点，更传递了居民、政府、社会协作改善环境的理念。孩子们通过观察、沟通、合作、分析，不仅亲身感受到参与决策的成就感，还将自己的收获分享给朋友和家长，由此促进和带动更多公众对城市规划的了解和兴趣。

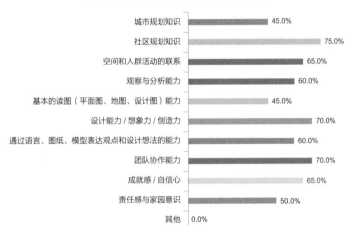

图 14　学生反馈：你觉得自己在课程中得到了哪些收获？（多选）

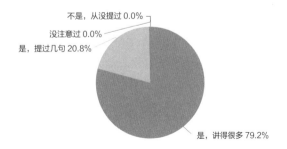

图 15　家长反馈：课后孩子是否主动向您介绍过课程内容与体验、收获？

## 六、总结与寄语

"名城青苗"公益项目是基于责任规划师的实践思考与经验而研发的，目的是提升儿童的城市认知力和社会责任感，为城市培养当下的参与者和未来的主人翁。正如《"我们的城市——北京儿童城市规划宣传教育计划"白皮书》指出："儿童是城市未来的建设者与管理者，儿童参与社区规划过程，既是城市和社区规划知识的启蒙教育，也是公民意识和行动能力的萌芽培养，是在以'百年育人'的视角，推动城市规划公众参与的长远实践。"

与此同时，儿童是校园、家庭的核心，以"名城青苗"为触媒，北京街区更新的公众参与实践得到了越来越广泛的社会关注，吸引了越来越多的社区实践者们思考、推进儿童参与友好社区研究和建设工作，共同营造美好的城市空间与生活。

在未来，我们将积极响应市规自委《"我们的城市——北京儿童城市规划宣传教育计划"白皮书》号召，持续开展"名城青苗"公益项目，以生动有趣的、学习与实践结合的方式，向儿童和青少年传播城市规划知识和理念，增强社会整体对城市规划建设的认知能力、审美水平和家园责任感，为实现人人参与的城市治理新格局打下长远基础。

（本文部分照片来自史家小学二年级部，摄影：李艳坤、张欣欣、王晔）

## 专 家 点 评

石晓冬
北京市城市规划设计研究院院长

请您谈谈北京市规划院支持该公益项目的初衷

　　"北京市儿童城市规划宣传教育计划"始于"规划进校园"，是北京规划院青年规划师们自发的公益活动。通过多年自下而上的探索，我们逐渐看到教育在"塑造有能力、有意愿参与城市治理的新市民"中发挥的巨大作用：

　　（1）通过城市规划知识教育，培育青少年认识城市的基本框架。公众对于城市的理性讨论是城市治理中不可缺少的组成部分，故在公众心目中建立这种系统的城市认知有助于社会形成理性讨论城市问题的基础。

　　（2）通过价值观教育，培育青少年对于城市发展方式的基本判断。如果城市规划的规则进入公众心里，将形成社会自主的集体观念和监督，这将是比任何规划和行政管控都有效的力量。

　　（3）通过家园情怀教育，培育青少年对于社区环境的责任感。除了培育公众进行有效城市治理的参与能力，更为重要的是培育公众参与城市治理的意愿，当城市进入精细化提升的阶段，这一点尤为重要。如果每个市民把自己社区改善当成自身的事，一起行动起来，找问题想办法，才能形成城市社区"细胞"更新的不竭动力。

您认为我们的下一步工作方向是什么？

　　实现"我们的城市"的构想，推动共治共享，这是一个持续性过程，是一个学校、教育机构、规划专业人员等多方协作的大型战役。我们希望能跟广大志同道合的朋友完成三件事——编制一本指南、研发或合作研发系列产品、建立公益服务教育机制。希望规划师、教育产品研发者、教育产品传播者能在这个平台上凝聚起来，形成具有活力，可持续的公益生态。

（1）编制一本指南

开展儿童城市规划宣传教育，首先要在内容层面解决"要传播什么知识和理念"的问题。这些内容不是对城市规划专业内容的照搬和提前学习，而是要基于城市治理对于未来城市公民的要求，研究儿童参与城市规划的核心能力，例如在认知方面，应该能读懂规划图、了解城市系统的构成、了解社区－街区－城市不同城市尺度的特性；在价值观方面，应该知道文化保护、以人为本、绿色低碳等城市发展理念；在责任感方面，应该理解人与环境的互动联系、具备基本方案表达能力等内容。

围绕这些，将城市规划专业的知识、理念和优秀实践案例进行筛选，形成《儿童城市规划宣传教育指南》。这个指南可以作为其他产品开发的基础。

（2）研发系列产品

在内容指南的基础上，从需求和产品角度思考，解决"用什么载体呈现知识和理念更能激发儿童兴趣的问题"。信息的载体就是产品，产品的形态应是非常多元的，适用于不同的场景。有传统而有效的教材和课件，适用于课堂教育的方式；也有绘本、游戏、实践课程、H5、音频、视频、图文信息、情景剧、VR等多种形式；随着新技术的发展和信息传播方式的演进，将会有更多产品形态出现。

（3）建立公益教育服务机制

要将各类产品传递到更广泛的儿童群体中，其核心是"传播者"的问题——什么人来组织活动，什么人带领儿童学习或实践，教学者是否具有授课的能力都至关重要。

宋菁
史家小学二年级部执行校长

在我们的课程之前，您是否听说过类似的课程？从最早听说"小小社区规划师"到同学们的成果汇报，能分享一下您的感受吗？

这是我第一次深入接触这类课程，这个课程来自于孩子身边的生活，我觉得特别有意义。一开始我们觉得二年级的学生年龄比较小，怕他们接受起来有难度，但实际上在学习的过程中，我发现孩子们能够理解课程，最终也能够实现课程的目标。

这个课程对校区工作的丰富和深入起到了促进作用。我们学校越来越重视与周边社区的文化合作，但以前我们只是停留在参与社区的志愿服务的课程，或者是参与史家胡同博物馆的一些文化教育课程的层面上。而这个课程要求学生亲自到社区中去探访，能让他们主动对自己学校所在的社区的环境以及社区居民的生活进行特别细致深入的了解。

这个课程也特别契合我们校区本身的校园文化——"小伙伴文化"的建设。在这种课程的引导下，学生们能够从认识身边的生活环境开始，认识社会、了解社会，最终能够走向社会、融入社会和服务社会。

您认为课程带给了同学们、老师和家长哪些收获？有没有令您印象深刻的小故事？

首先，这个课程对培养孩子对生活的观察能力以及关注社会的能力和意识起到非常重要的作用。第二，我认为这次课程对培养孩子们的团队合作能力也是非常有帮助的。第三是课程对培养孩子们今后参与社会生活也非常有利。第四，这个课程对家校之间的合作也有一定的促进作用。

我印象比较深刻的是由3个男生组成的一组。通过前面几次课学到的方法，他们在胡同里发现了一根倾斜的电线杆，上面搭着一根废弃的电线，由此提出这里既不美观，而且有安全隐患。他们知道从哪个角度去观察，也知道要怎么完成设计。而且从这里我也看到，这个课程也是对孩子的一种安全教育，以后他们看到危险就能够能意识到，并且还能提出改进的策略。

还有一组孩子做的是校区门口的规划。我们校区外边有一片绿地，有人遛宠物后粪便和杂物可能就遗散在绿地里。所以他们提出了绿化设计的问题，以及督促大家形成自觉遵守公德的意识。还有的同学提出希望在胡同里设置一些能让孩子们做游戏的场地，还有设置流动图书馆等等，这和我们的"小伙伴文化"也相互呼应。有些提议可能很天真，但孩子们有这个想法，就说明了他能够结合自己和同伴们的需求，去动脑筋思考身边的事情，这一点非常难得。

作为一线教育者，您如何评价这样的课程？对这个课程还有什么期待？

我觉得这个课程的内容很好，希望能作为一个常态的课程持续开展。我们现在这个校区每年都有七八百个孩子，希望能让更多的孩子参与进去。我们需要考虑怎样能把我们之前的六次课程，变成一个系列的课程，或者说和学校的日常课程结合起来。我们校区是每一年都是二年级的孩子，我们把几次课程设计出来之后，每一年都可以循环使用，我觉得这是不断发挥、延续这个课程效果的一个切入点。

第五章
制度设计

# 完善基层治理工作机制——东四南精华区治理创新平台

刘静怡　赵　幸　惠晓曦

## 一、缘起——探索规划师与政府推进基层治理的合作方式

以 2011 年开始编制《东四南历史文化街区保护规划》为起点，北京市规划院与朝阳门街道办事处开始探索多种形式的合作。2014年 9 月，史家胡同风貌保护协会成立，规划师们从顾问和志愿者的身份逐渐转变为协会秘书长、副秘书长等核心角色；2017 年 3 月，北京市规划院受到街道邀请开始共建运营史家胡同博物馆，规划师们成为真正驻扎在朝阳门地区的在地者；与此同时，北京市规划院协同北京工业大学与朝阳门街道签订了战略合作框架协议，形成联合责任规划师团队，共同探索街区的保护与更新。社区公约、居民口述史、院落公共空间提升、菜市场改造、社区微花园等多项与街区保护、城市更新和社区营造紧密相关的项目获得了社会各界的认可和社区居民的支持，同时东四南也获得住房和城乡建设部颁发的中国人居环境范例奖，史家胡同博物馆还被评为 2018 年北京最受喜爱的博物馆。

随着合作的深入，我们对基层的工作机制、多方合作机制等有了进一步的了解，也发现了一些问题，希望能协助解决。主要有几点：第一，街道办事处作为区政府的派出机构，需要承担市（区）政府交办的大量任务，但街道人力资源紧张，常常力不从心；第二，市区级相应部门将任务向下垂直化分配，对应到街道各职能科室，但在街道内部则缺少积极的横向沟通机制，导致领导与各部门的信息不对等，不能形成合力推进任务，影响了效率；第三，街道大型项目由市区级财政出资执行，而贴近社区和居民需求的小型项目往往缺

少资金或需多道审批手续申请，不利于街道、社区创新性工作的开展；第四，街道与社会机构合作过程中各方的责权利还不够清晰，沟通机制不是非常顺畅，不利于各方发挥所长、形成合力；第五，基层政府往往注重实干，而忽略宣传工作的重要性，导致不能很好地吸纳更多、更优质的社会资源。

在此情况下，我们与朝阳门街道办事处于 2018 年 8 月共同推动成立了"东四南文化精华区治理创新平台"，拟将之前垂直的、缺乏沟通的工作模式转变为一个平面的、相互了解的工作模式，即将上面的任务和下面的需求一同摊在桌面上，各部门共同知晓、相互协商、合理分工、有序落实。平台由朝阳门街道办事处委托在地社会组织——史家胡同风貌保护协会运营，我们因在协会中担任了副理事长、秘书长等核心角色，可以进行工作指导，由此也有助于我们全方位和更深入地了解基层的工作制度，探索责任规划师融入基层治理工作的方式。平台以定期召开例会的方式统筹协调工作，起到了较好的作用。

## 二、摸索——逐渐完善平台架构与工作机制

平台成立之初，我们在街道综合保障办领导的协调和带领下，先用了 2 个月的时间对街道办事处的 4 个重要部门（综合保障办、社区建设办、城市管理办、党群工作办）、街道辖区内（以东四南为主）的 7 个社区和在地的各组织机构、文化机构等进行了走访调研。一是向大家介绍平台建立的初衷、职能和工作内容，让各部门了解、理解；二是我们自己也能更深入了解各部门的主要职能、工作机制及难点和需求，为搭建平台架构与建立工作机制打好基础。

经过摸索与尝试，我们建立了图 1 所示的平台架构与机制：平台对来自市区的政策和任务以及来自社区、在地机构的需求和设想进行梳理；每月召开书记主任主持、各部门参与的例会，针对任务与需

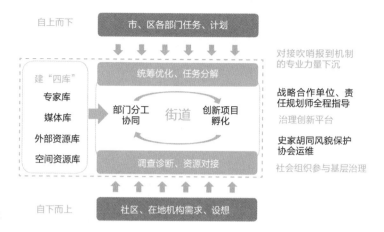

自上而下

市、区各部门任务、计划

对接吹哨报到机制的专业力量下沉

建"四库"
专家库
媒体库
外部资源库
空间资源库

统筹优化、任务分解

部门分工协同     街道     创新项目孵化

调查诊断、资源对接

战略合作单位、责任规划师全程指导
治理创新平台

史家胡同风貌保护协会运维
社会组织参与基层治理

自下而上

社区、在地机构需求、设想

图1 平台运行模式

求进行统筹协调与分解分工;建立专家、媒体、外部资源和空间资源库,为各项工作提供支撑和保障。

## 三、行动——东四南平台的工作内容

（一）找问题、汇需求

为了及时发现问题,了解需求,平台工作人员日常的重要工作是要走街串巷,通过与居民、社区及机构人员聊天儿的方式进行沟通。经过调研梳理发现,街道、社区和居民对街区更新、停车管理、胡同风貌、文化复兴、社区自治等问题十分关注,在地机构则对空间资源、资金申请、整体宣传等有较多诉求。

（二）梳理政策与任务

对于工作内容十分繁杂的街道办事处来说,各类政策具有极其重要的指导作用。但因平日工作负荷大,人手紧张,很难对不同类型、不同年份的政策有较为系统的整理,不利于查阅参照。因此,平台工作人员对与街道工作密切相关的政策等进行了全面收集,将其分为国家级、市级和区级三个层面,如《2019 年国民经济和社会发展计划（草案）》《北京城市总体规划（2016 年—2035 年）》《北京市2019 年工作计划》《关于加强新时代街道工作的意见》《北京市街道办事处条例》《北京市东城区人民政府工作报告》《关于北京市东城区 2018 年国民经济和社会发展计划执行情况》等,然后根据多元治理、城市建设与街区更新、文化挖掘等板块进行分类、整理和汇编。同时，将市区政府的任务按近、中、远期进行分类，以方便街道结合基层需求制定工作计划。

（三）建立四个资源库

为了更有效地发挥平台作用，我们逐步建立完善 4 个资源库：专家资源库、媒体资源库、机构资源库与空间资源库。专家库着眼于城市更新、风貌保护和基层治理，专家来自历史、文化、建筑、规划、社会学等不同领域，为避免虚置，设立了专家咨询计划、配套经费等；媒体库则邀请主流和新锐媒体人加入，以对工作成果、经验等进行系统化和专业化的宣传，包括新闻发布、出版发行等；机构资源库则是寻找能与社区、居民需求对接的公益组织、商业机构，参与社区日常活动和项目，如参与国际设计周朝阳门分会场等重要节点活动；空间资源库是通过调研，发现辖区内闲置或利用不佳的空间（至今已有 30 余个），可与机构资源库实现联动，为优质的机构提供适宜的经营与活动空间，实现创新项目的在地孵化，促进街区活力。

（四）加强开展宣教活动

讲座、论坛、工作坊、实地探访等形式多样的宣传教育活动，是推广街区保护与更新理念的重要手段，也是促进街道、社区工作人员和居民凝聚共识的重要方法。为此，平台结合国内外的先进经验和在史家社区多年实践的经验，将宣教活动在更大范围开展，一年举办了十余场主题宣教活动，包括："北京的四合院"讲座，让大家了解胡同的魅力与四合院的价值；"胡同微花园"工作坊，让大家认识到共同动手改变环境的乐趣；口述史工作坊，培训出更多能够进行文化挖掘的在地力量；"场所运营和社区营造"论坛，创造文化机构与专家交流的宝贵机会和获得宣传的机会。

（五）配合责任规划师工作

东城区是北京市率先推行责任规划师制度的区，平台积极承担了协助服务的工作。包括配合责任规划师团队及时有效地跟踪街区硬件修缮和房管所房屋修缮动态，协助形成了《责任规划师房屋修缮项目审查制度》；普及风貌保护知识，针对东四南街区有价值历史建筑开展了一系列的专家咨询活动，为街区的风貌保护把好脉；展现提升四合院舒适度的科技产品、展示工作成果。这些工作很好地弥补了责任规划师不能时时在地的缺憾，与责任规划师制度形成了良好的衔接和互动。

**（六）孵化具有创新性的小微项目**

所谓项目孵化，旨在能够帮助街道用最小成本来尝试各类创新性的工作，同时能将一些缺少前期策划经费但又具有价值的项目助推进资金申请渠道。平台首先汇总街道、社区和居民的意愿建议，之后与上位政策进行比对，判断其是否具有可孵化价值。自平台成立至今，已孵化了 4 个获得居民喜爱的项目，包括：空间更新类项目——"最美小院——院落空间提升 2.0 版"和"胡同微花园"（帮助 6 户居民进行了改造）；文娱活动项目——演乐社区每月一次的"演乐茶香悦读会"，至今已持续一年有余；交流对话类项目——"朝阳WALK&TALK"，即平台汇集项目所需的各资源方，带领大家通过探访参观（WALK）了解项目，再通过座谈（TALK）的形式请大家一起出谋划策，如帮助街道党群工作部进行智力汇聚，助力完成党群服务中心建设。

**（七）全方位的立体宣传**

平台设立了同名公众号，通过自媒体宣传街道的创新性工作，让更多人了解平台性质，以吸引更多的资源加入到朝阳门。每个月平台将街道办事处各部门、社区和在地机构的创新性工作进行打包汇总，形成东四南大事记；针对孵化项目持续进行阶段性推广，让居民和公众细致了解每个项目背后的欣喜和不易；对过往项目进行经验与模式汇总，让更多街区可以复制或借鉴；对在东四南默默奉献的人进行访谈，让他们走到大众面前影响更多人；针对每次宣教活动都细致地进行回顾以让更多人受益。平台的宣传从点点滴滴让大家对街道的各类工作有了较为全面和深入的了解，相应的也让街道收获到了更多的关注和资源。

**朝阳门街道领导在东四南平台工作例会上的发言**

● 原朝阳门街道办事处书记陈大鹏：社会治理不是单打独斗，而是有共同愿景的多元主体在一起商量协调，深度磨合、融合、整合，平台的成立起的就是这个作用，将有利于街道工作的加强统筹和城市治理的综合谋划。精华区治理创新平台是文化保护和传承的平台，朝阳门街道借由平台将以文化为切入点，推进老城复兴。

● 朝阳门街道办事处工委主任董凌霄：希望规划师从落实总体规划的角度，能够深入到街区整体工作的方方面面，进行操盘。

## 四、总结

（一）平台发挥的
主要作用

（1）平台起到了统筹协调、调动多方的作用。街道办事处作为区政府的派出机构是最基层政府，面对的工作内容多而复杂，各个部门之间需要良好的沟通，同时也需要更多元化的社会专业力量协助工作，如此才能让工作更顺畅、更高效。平台成立一年余，有效促进了街道办事处、责任规划师和第三方社会组织的合作，充分发挥了各自的专业优势，助推了各类街区更新和社区营造项目的开展，建立了整体宣传模式，形成部门、机构、居民之间的良性互动。

（2）为责任规划师制度的有效落实发挥了重要作用。责任规划师的主要任务是做好规划宣传、提供技术咨询、促进公众参与，以此保障责任片区的规划实施和治理格局的建立。平台的组织架构和工作机制给责任规划师创造了全面、深入介入基层各项事务的机会，并成为开展相关工作的重要抓手。

（二）保障平台发
挥效用的关键

（1）建立信任关系是平台顺利开展工作的基础。因此，平台的工作人员首先要了解街道的架构与各个部门的职能，了解社区的构成和工作内容，以及在地机构的运行情况，摸清各方的诉求，才能掌握主动权。之后，结合各方情况与诉求有针对性地搭建平台架构，并对平台的意义、职能定位和工作内容进行解释，才能让大家充分理解、认同，进而支持和参与。

（2）从始至终保持信息的对称也是非常重要的。平台是以每月例会的形式推进工作，在例会上街道各部门、社区、在地机构都要在场并汇报工作，为大家创造了很好的交流机会，加深了了解和理解。

（3）要积极主动应对诉求、解决问题。每次调研、例会发现的诉求和问题，属于平台该解决的，一定不推诿，要积极主动开展工作予以解决，即便是暂时无法解决，也应做好说明解释工作，并持续关注寻找恰当的机会促进解决。如此可取得各方信任，愿意紧密配合，携手共促街区发展。

## 五、展望

东四南平台的建立得益于朝阳门街道办事处和北京市规划院、北京工业大学责任规划师团队多年来的深度合作，双方以彼此信任为沃土，逐渐从项目合作、空间共建过渡到制度探索。在大家共同努力之下，平台逐渐被街道、社区和在地机构所信任，也期待其更加成熟、发挥更重要的作用，形成具有朝阳门特色的东四南路径。我们也希望这样的模式能够给大家以启发，通过复制或借鉴，推广到更多的街区，让更多的责任规划师能在基层起到更大的作用。

# 专 家 点 评

李哲
朝阳门街道办事处副主任

当时成立东四南
精华区治理创新
平台的初衷是什
么？

对内，平台其实是各个部门统筹合作的保障。我们的工作其实
需要街道、社区以及其他相关的部门的协同配合。比如我们和北京
市规划院以及北京工业大学一直都有的战略合作关系，就需要各方
衔接起来，并形成制度性的保障。

对外，平台可以对接资源，支持我们的想法，让项目能够落地。
另外平台还有宣传作用和放大效应。在平台的协调下，东四南文化
精华区的建设任务就能够统一在整个的大旗帜下，统筹开展。 不同
的机构队伍在这一个大的平台上能够扮演多重角色，实现多种路径
的融合。

您认为史家胡同
风貌保护协会与
责任规划师在平
台运营中发挥了
什么样的作用？

史家胡同风貌保护协会与责任规划师一起来运营这个平台，既
能发挥它的群众性，又能发挥它的专业性。协会是在这里自发成长
起来的、正式登记注册的在地社会组织，与群众联系非常密切，这
在现在的街区更新或文保区保护工作中是亟需的。东四南的责任规
划师是在这个平台里做开创性工作的一个群体，他们是在运作东四
南的不断实验中，慢慢成长起来的。在这样一个开放的平台上，他
们能够充分发挥自己的作用，实现自己的想法。

如果是外来的机构做就会容易水土不服。东四南最大的特点，
就是它有很多东西都是自然而然生发出来的。所有的机构与资源，
与居民、街区以及街道社区之间的关系都是逐渐建立起来的。只有

编织出这样一个网络，我们才能去深入地推进一些工作。

治理创新平台对基层政府工作创新有怎样的意义？您对之后东四南的工作有怎样的期待？

目前基层政府最缺的就是一个开放的姿态。它最常见的工作方式是接上级任务，向下贯彻。而我们平台开展的工作，就是让居民主动说出自己的需求，然后参与实施。它同时又是一个有组织的平台。

还有一方面的开放是对外部资源开放。如果我们没有通道让社会各方参与进来，那么他们扮演的就可能是监督者或反对派的角色。但这些社会资源其实能够利用起来，发挥建设性的作用。

我们这里算是一个开放的实验田。平台的工作对街道、对社区，其实是一个逐渐的耳濡目染的过程。慢慢大家就能够感受到，这样对居民开放、对各路资源开放，其实是一个很好的方式。不仅能让许多工作顺利进行，而且能出彩。

现在整个北京市各个街区的风貌保护和街区更新都是采用的各种不同的路径。其实我们应该从各个街区中挑选一些好的经验，然后形成一个复合的模式。让这个模式放到不同条件的街区，都能够发挥它的作用。

# 搭建汇聚社会力量的平台——中社社区培育基金

赵 幸　冯斐菲　马玉明

## 一、成立初衷

多年来我们以责任规划师的身份开展深入街区、社区的城市更新工作，过程中逐渐发现，我们所开展的大量实践中，与居民生活紧密相关的、小微尺度的项目占比很高。而且与以往常规规划项目不同，由于它们就是社区和居民的身边事，所以项目虽小，但社会关注度高，项目实施后居民获得感强。这类项目通常具有这样的特点：首先，由于项目与生活紧密相关，涉及多方的切身利益，所以公众参与的程度要非常高，即需全过程的参与，从促进各利益相关方达成共识，到共同决策、推进实施和落实维护，因此这类项目一般需要较长时间的耐心孵化；其次，这些项目尺度小，资金需求量并不高，可以通过多方筹资、旧物利用、自己动手、志愿者支持等多方式实现低成本落地；第三，通过全过程的公众参与，项目成果不仅限于空间的提升，更包括过程中居民自治能力的培育和长效空间维护机制的构建；第四，鉴于利益相关方多、关注支持的资源多，在项目孵化的全过程中我们往往需要搭建一个统筹协调的平台，以协助各参与方发挥所长、良好合作，达成最佳效果。

而在开展这类项目的过程中我们也常常遇到一些瓶颈，比较现实的有几点：首先，这是些具有创新性的小项目，没有前例可以借鉴，往往难以对应政府划定的专项资金，因此政府财政立项比较难；其次，即使立项成功，财政资金年度结算的硬性规定也使得一些需要长时间沟通的公众参与难以充分开展，给项目孵化的时间周期造成制约；第三，财政对资金使用方式的限定往往又不能适应项目的综合需求，使一些设想难以落地。

图1　中社社会工作发展基金会赵蓬奇理事长与北京市城市规划设计研究院马良伟
副院长为社区培育基金成立揭牌

　　于是我们开始思考，如何能为街区更新与社区培育的创新试验
提供更益于生长的土壤和更灵活有适应性的支持？

　　基于这样的考虑，北京市规划院主动开始了大胆探索和积极筹
备，于2018年与中社社会工作发展基金会共同推动建立了"社区
培育基金"，成为国内首支从城市更新视角推动社区治理创新的专项
基金。该基金旨在探寻一条撬动社会资金、发挥社会力量、协同政
府部门从宜居、人文、环境等方面对社区进行渐进改善的路径，重
点是通过一系列持续的社区培育活动，创新社区服务模式，提高社
区活力与魅力，满足人民日益增长的美好生活需要。

　　基金成立至今近两年已推出了两个试点项目，其一是旨在发现
和解决社区民生痛点问题的"美丽社区计划"；其二是旨在以社区小
微公共空间为切入点推动城市环境改善和街区治理创新的"城市小
微公共空间再生试点征集与实践"。我们试图在街区更新和社区培育
领域不断扩大影响力、汇聚资源，培育更多创新实践团队成长、支
持更多创新试点项目落地。

## 二、实施案例

(一)美丽社区
计划

该项目聚焦涉及社区发展和居民生活切身利益的难点、痛点问题,其中包含"技术革命""落地孵化""社区故事""社培学院"四个主要的支持方向。其中,"技术革命"方向旨在支持各类提升社区生活品质与便利度的技术创新;"落地孵化"方向旨在支持社区微更新改造和社区公共服务空间创新运营等示范性落地项目;"社区故事"方向旨在支持挖掘与收集承载社区记忆的影像资料、文字资料、口述史和举办增强社区凝聚力的文化活动;"社培学院"主要是面向政府、专业人士、社会群体和社区居民开展与社区培育相关的教育与交流活动,从而起到传播先进社区更新和培育理念、交流社区培育实践经验、培养社区人才的作用。在项目运作中,基金充分发挥资源平台作用,为政府、企业、社会组织、公众创造更多的交流、展示与实践机会,使各方形成合力共同推动社区更新与创新发展。

(二)城市小微公
共空间再生试点
征集与实践

"城市小微公共空间再生试点征集与实践"项目与2019年开始在全市推行的责任规划师制度相结合,聚焦责任规划师日常发现的社区街角、小微绿地、楼门空间等与市民美好生活紧密相关的公共空间,尝试通过公开征集、团队培力、宣传评比、实施共建等一系列行动,培养有潜力的实践团队、推动优秀更新改善试点项目落地,达到提升城市公共环境品质、改善社区民生、团结群众、推动社区议事和自治能力建设的综合目的。

**"美丽社区计划"支持项目**

2018～2019年,"美丽社区计划"支持开展了"胡同厕所革命""社区微花园论坛""口述史工作坊""名城青苗儿童城市宣教活动"等多个创新试点项目。其中,"胡同厕所革命"属于"技术革命"版块,围绕老城胡同-四合院厕所存在的各类问题,组织举办了面向社会的技术征集和产品展示活动、面向居民的新技术体验活动和面向业内专家学者与实践者的高端学术研讨会。由此储备了30余家国内厕所革命领域创新技术厂商,同时积极与"盖茨基金会"交流国际前端技术与实践,拟进一步集合多方力量共同推动厕所创新技术在北京老城地区的落地。"社区微花园论坛""口述史工作坊""名城青苗儿童城市宣教活动"则分别对应"落地孵化""社区故事""社培学院"版块,多角度推动着创新实践的落地和创新理念的推广。

**"城市小微空间再生试点征集与实践"支持项目**

  2019年,"城市小微公共空间再生试点征集与实践"项目支持开展了"微空间·向阳而生——朝阳区小微公共空间再生"系列活动。项目由中社社区培育基金、北京市规划和自然资源委员会朝阳分局、北京市朝阳区民政局、北京市朝阳区农业农村局、北京工业大学建筑与城市规划学院共同主办,由朝阳区人民政府、北京市规划和自然资源委员会、北京城市规划学会和北京市城市规划设计研究院支持开展,面向朝阳区全区征集规模在200平方米左右、具有提升潜力的小微公共空间。通过10天公开征集,我们收到50余个改造提案,16个由责任规划师、街道、社区、社会组织、设计师等多方共同构建的改造团队成功入围,将适老化改造、儿童友好社区建设、社区农园、社区微花园等创新理念融入微空间提升设计,并在2019年底形成居民深度参与、效果精彩纷呈的设计成果。2020年,第一批试点项目将在基金支持下实施落地。

图2 平房区居民参观"胡同厕面"展览,了解"厕所革命"技术

图3 "微空间·向阳而生"项目参与者参观小微空间实施案例

## 三、总结与展望

  对于背靠政府的规划行业而言,公益基金是一个崭新的平台,能够撬动社会资金、汇聚更多的社会资源,形成上下合力促进城市的建设与发展。而基金的运作方式也要求我们适应与以往截然不同的工作身份与工作方法,使之发挥更高效的作用。基金成立不足两年,目前还处于探索阶段,但不断收到的需求和反馈让我们越来越相信,复杂的城市更新工作需要这样的平台。期待未来社区培育基金成为多方力量进入城市社区更新领域的入口,也成为创新实践被社会认可和推广的窗口。

# 专家点评

赵蓬奇
中社社会工作发展基金会理事长

您认为从城市更新角度推动社区培育工作的意义是什么？

城市更新要注意社区建设的创新，因为社区是构成城市的基本元素，所以社区创新是城市更新的一项基础性工作。社区建设要通过不断创新提升社区服务质量表现出来，使社区百姓有获得感和幸福感，这要有一个培育的过程，这个社区培育过程对城市更新有着重要意义。表现在以下几个方面：

第一是培育我们社区居民的社会主义核心价值观。培育核心价值观不能是呆板的方式，不是空洞的说教，而是通过搭建有效载体，使大家在社区事务的参与过程中，真正融会贯通地认识、理解和树立社会主义核心价值观。比如社区培育基金去年中秋组织的社区家庭的宫灯制作和社区居民的互动活动，就让居民在这种和谐美满的氛围中，对中国传统文化和现代文明有了进一步的了解，体会到了中华民族欣欣向荣的精神，增强了爱党、爱国、爱民族的意识。

第二是培育社区居民的归属感。这种归属感不是简单的地域认同，而是使社区居民对社区有一种家的感觉，让大家愿意为这个家奉献。这也不是通过说教理论来培养的，而是社区居民通过身边的小事儿，社区的一点点的变化感受到的。像社区培育基金所开展的"厕所革命"活动，关注的就是个紧贴民生的大问题。在大家共同讨论解决这个难题的过程中，就好像家庭的成员们在共同地为我们面临的困难出主意，想办法，这样社区居民就会产生非常强的归属感，社区百姓的归属感强了，就为社区建设打下了一个基础。

第三是培育居民的一种参与感。这是社区培育基金推动城市更新工作中的一个亮点，也就是基金通过组织开展相关活动，培育社区居民的民主议政能力。比如说基金开展的"杂院提升""微花园改造"等项目，实际上就是通过资源整合，将一个社区辖区内各种力量凝结在一起，大家共同参与，推动城市老旧小区的改造。从社区组织到辖区单位和社区居民，从不同角度参与，每个参与者都得到了不同的获得感、幸福感、满足感，在改造社区环境的过程中，也体现了社区居民参与社区建设的意识与能力。

第四，培育了一批高素质的志愿者。在社区培育基金开展的每一个项目中，我都注意到一个特点，就是基金注意充分发挥辖区志愿者的作用。志愿者们的热情参与，使得"人人为我，我为人人"的价值观得到了展示和传播，和我们的社会主义核心价值观是相呼应的，这种志愿精神影响着我们辖区百姓的每一个人。社区培育基金开展的项目活动，之所以能达到改变社区面貌、促进城市更新的效果，和社区志愿者的辛勤努力是分不开的。

第五是培育了一批社区领袖。我们过去说"火车跑得快，全靠车头带"，我觉得这句话到现在也不过时。一个社区如果有几个有影响力的社区领袖，对增强社区的凝聚力是有着至关重要作用的，社区建设就有了骨干的力量。社区培育基金在开展社区活动中注意发现骨干、培育骨干，带动社区居民积极投入社区各个方面的建设，有很实际、重要的作用，我觉得这是现在许多社区建设都应该注意解决的问题。

请您谈谈中社基金会建立专项基金推动社区培育工作的初衷和期望

中社基金会在北京市规划院领导的支持发起下设立了社区培育基金，其初衷实际上就是为城市创新社区发展搭建一个平台，提供一个枢纽。通过这个平台我们可以进行提升社区服务水平、推进社区建设、推动城市更新的各种实践，来实现我们的初心。通过枢纽，我们可以把各种资源整合起来，使大家能够共同发力。

在社区培育基金的运作中，我觉得基金的发起单位——北京市规划院领导对基金的发展方向把握得非常好，即把社会策划与社区发展相结合。针对社区发展的需要，着力做好策划与组织，通过社区培育基金发动社会力量来参与。基金特别注意在城市更新中，社区发展创新的着力点在哪里？有什么是值得我们重点关注的？居民有什么困难是需要我们助力解决的？社区里的传统文化有哪些是需要我们发扬的？然后通过组织一个又一个的项目，一步又一步地推进落实。我认为，这些就是我们社区培育基金从组建到现在不断发展、逐步产生影响的生命力所在。

我20世纪80年代末到民政部工作，又曾经当过中国社工协会的副会长、秘书长，所以我对全国的社区发展、社区建设有一定的了解。社区培育基金从成立到今天，是从社区老百姓身边的小事做起，一步一步走过来的，真正体现了社区培育的重要性，也积累了一定的经验。我认为社区培育基金所做的工作值得进一步总结推广，能够通过社区培育的精神和方法，使社区服务落到实处，使社区建设得以提升，为加强我们党在基层的执政能力作出更多的贡献。

陈子毅
北京市首都规划设计工程咨询有限公司 执行董事兼经理

请问作为企业支持建立社区培育专项基金的初衷是什么？

社区培育是我们国家社区规划发展的重要方向，在党的十九大上也提出了关于"共治共享"的社区发展治理新理念、新要求。我认为社区培育特别重要的优势在于它能够支持创新性社区规划建设的探索，能够推动企业、居民主动参与社区治理，并架起与政府沟通的桥梁。另外，它也为企业作好规划实施层面的服务铺垫了一个更好的基础，搭建了一个平台。

我们支持建立这样的社区培育基金，最重要的目的就是支持北京市规划院履行这样的社会责任，而我们自身作为国有企业，履行这份社会责任也义不容辞。成立这样的基金，可以为我们的社区培育活动确定一个制度以及提供资金上的保障，更有利于以后社区培育工作的开展。

您希望基金所支持的项目有哪些特点？

我希望是关注当前北京社区生活中的实际问题。我认为做社区培育要为人民群众设身处地地着想，以最贴近人民群众的方式解决大家的问题。像基金支持的项目如"厕所革命""胡同微花园""小微空间改造"等，均是针对当前北京社区中的一些最基本的民生问题展开的。这些项目不仅能提高人民生活的幸福感，还能够短时间内引起社区居民共鸣，取得明显的实际效果，有利于社区培育工作的可持续开展。

您对基金未来在城市更新与社区培育工作中发挥的作用有什么期望？

北京城市发展进入存量时代，所以社会治理要更向精细化发展。我认为下一步社培基金应放眼世界，汲取其他国家和地区的先进经验，着眼于北京城市更新及社区培育的实际情况和实际问题，把其他地方的优秀经验融会贯通，并梳理关键节点，支持能够取得"四两拨千斤"效果的项目。在此基础上，我们要创新探索适合北京城市更新和社区发展的模式、机制，使企业、居民、政府间的沟通更加顺畅。这样我们的社培基金才能够更好地服务于社会和政府，同时也能够更好地与市场融合，探索出参与微平台企业的盈利模式。

# 发展壮大——北京责任规划师制度建立与工作推进

冯斐菲

2019 年 3 月 29 日，北京市十五届人大常委会第十二次会议上审议通过修订后的《北京市城乡规划条例》，条例于 2019 年 4 月 28 日起正式施行。其中，第十四条提出"本市推行责任规划师制度，指导规划实施，推进公众参与。具体办法由市规划自然资源主管部门制定"。同年 5 月 10 日，北京市规划与自然资源委员会发布了《北京市责任规划师制度实施办法（试行）》，成为全国首个全面推行相关制度的城市。2020 年 6 月，已有 12 个区签约了 230 个责任规划师（团队），覆盖了 244 个街道、乡镇、片区及开发区。这意味着我们从 2007 年开始的扎根基层的工作模式从试点探索走向了全面实施。

本文想对责任规划师制度建立的历程和背景进行概要回顾，对制度推进的现况和问题进行小结，并提出几点思考和建议。

## 一、责任规划师制度形成的历程和背景

（一）2007 ~ 2017 年：十年试点实践

### 1. 责任规划师概念的提出

北京市"责任规划师制度"最早出现在 2004 年原北京市规划委员会的研究课题"胡同保护规划研究"里。那时正值奥运申办成功，为践行"人文奥运"的理念，北京名城保护步入新阶段，老城历史街区改造开始从成片拆除重建向小规模渐进式更新方式转变。该报告提出希望能分片建立责任规划师制度，规划设计单位应做到指导修缮的深度。该建议得到了评审专家和规划委的认同。

**控规公示与责任规划师试点实践**

2007～2008年陆续开展的控规公示，选择了6个片区做试点。针对片区责任规划师明确了3点职责：第一，要能清晰地表述规划内容，包括责任片区在中心城的作用和地位，其发展优势与限制性因素，规划的难点与重点，方案的优化，主要数据；第二，需熟悉责任片区的历史与现状，以及规划与建设的变化情况；第三，熟悉规划审批程序，以及各相关部门之间的管理权限与工作关系。同时还提出了4点责任规划师守则：态度和蔼，不急不躁；语言通俗，表达简洁；实事求是，不推责任；耐心解释，收集问题。

公示时，拟选取居民最为关注的问题，尝试开展共同协商、共同解决的模式，以进一步促进形成公众参与的局面。东城区交道口街道菊儿社区公共活动用房空间环境不佳是居民投票最多的一个项目，考虑到该问题在规划分局、街道和社区、北京市规划院三家合作下能够解决，故将其列为试点。虽然是个很微小的空间，但成效却是显著的。其一，居民认可，因为从找问题开始，到设计、预算、施工，居民全过程参与，有了主人翁的意识；其二，政府认可，因为这种全过程公众参与能够形成上下的良性互动，是可复制推广的工作模式；其三，规划师认可，因为真正了解了居民的需求，促进了规划的实施。各方都由此看到了公众参与的作用和意义。该案例获得了住房和城乡建设部人居环境范例奖、迪拜国际人居环境范例奖。

2005年国务院批复了《北京城市总体规划（2004年—2020年）》。鉴于大城市病已经凸显，该版规划修编的重点是优先关注生态环境的建设与保护，关注资源的节约与有效利用，控制人口和建设用地规模等，并在规划实施章节提出了要切实落实公众参与原则，推进公众参与的法制化和制度化。2007年，依据总规要求，《北京市中心城控制性详细规划》完成修编。同年，党的十七大报告提出要从各个层次、各个领域扩大公民有序政治参与，紧接着《中华人民共和国城乡规划法》出台，要求规划在报审前需征求专家和公众意见。为此，北京规划委于2007年起着手准备控规公示工作，先选取了试点街道，由负责编制该片区的规划师进行宣讲。2008年《北京中心城控制性详细规划动态维护工作方案》中提出中心城控规整体公示：结合责任规划师制度，由规划编制单位在编制规划环节按片区、街区组织在社区内进行公示。

正是在这次的控规公示活动中，催生了东城区交道口街道菊儿社区公共活动用房改造的案例，由此正式开启了规划师下基层开展公众参与的实践。

2. 多类型试点的实践探索

2008 年，北京规划委继续开展"规划进社区、进工厂、进乡村"活动，继续推行试点，并给部分试点颁发了责任规划师证书。工作内容包括公服设施优化、停车等痛点难点问题解决等，为日后的城市转型发展探寻规划实施的路径。

这期间，除了本书所述的东四南实践，北京的一些高校师生也纷纷投入了极大的热情，在老城历史街区、老旧小区、工矿厂区、传统村落等区域开展了多个责任规划师工作试点，常年扎根陪伴，搭建汇聚社会力量的工作平台，宣传规划、促进实施，经过十年探索，取得了十分显著的成效，为责任规划师制度的确立和工作推进积累了丰厚的经验，如清华大学、北京工业大学、北京林业大学、北京建筑大学、中央美术学院等。紧接着，一些规划设计单位也陆续加入进来，如北京清华同衡规划设计研究院、中国城市规划设计研究院等。

其实，这期间，全国各地也纷纷开展了试点探索。如上海市自 2008 年起以徐汇区为先导，结合风貌区开展试点，采取 1+2 模式（1 位导师 +2 位规划师），促进精细化管理，提高环境品质，2017 年在全市 16 个区推行社区规划师；广东省 2014 年起即由各个协会发起志愿者下乡活动，成立了"乡村志愿者委员会"，总计 2000 多名规划师参与，2018 年开展"大师小筑"活动，由省内大师率领，针对小型公共设施和微空间开展设计实施；成都市在 2017 年成立了城乡社区发展治理委员会，制定了包括社区规划师在内的工作机制；此外，在武汉、南京等地，规划师、建筑师也纷纷开展了扎根基层、助力实施、推动公众参与的工作试点，亦取得了显著的成效。

通过多方常年的努力和丰硕的成果，让政府与公众看到了此项工作的作用和意义，为制度的建立打下了坚实的基础。

（二）2017~2019
年：制度成型确立

1. 城市更新时代的需求

2017 年党的十九大召开，报告指出，我国社会主要矛盾转化为人民日益增长的美好生活需要和不平衡不充分的发展之间的矛盾。这说明我们的基本生活需求已经得到满足，大规模建设已经减少，而是要在现有的基础上从"有"向"好"，从"粗糙"向"精细"，进入了习总书记所说的"绣花阶段"，也可以说是城市更新时代。而目标的转变需要工作思路与模式的转变，故报告还提出，要加强社会治理制度建设，打造共建共治共享的社会治理格局。这说明在向"好"和"精细"的方向上，政府需从单向的管理模式转向多元的治理模式，即要动员具备专业技能的机构、社会组织、志愿者等社会力量的介入，共同为建设美好家园而努力。

2017 年，中断了 37 年之久的中央城市工作会议召开，提出要坚持集约发展，框定总量、限定容量、盘活存量、做优增量、提高质量，且指出城市更新是城市建设的常态。那么显然，转变规划思路与方法，促进规划实施落地，助力基层进行精细化治理必然成为规划工作的导向与重点。

2. 新版城市总规的要求

2004 年版总规编制期间，虽然对大城市病已经有了较为充分的认识，并在规划中做了阐述和策略应对，但城市发展的目标导向依然在控制与扩张中略显摇摆，实施路径也更多沿袭以往。2017 年新版《北京城市总体规划（2016 年—2035 年）》出台了，而这版总规就是在贯彻十九大和中央城市工作会议精神基础上编制的，与上一版有了很大的不同，充分体现了城市更新时代的特征。提出的发展目标很直接且唯一，即建设国际一流的和谐宜居城市，着力重点是治理大城市病和增强人民群众获得感。相应的在策略上提出了要提高城市治理水平，让城市更宜居，以及转变规划方式，保障规划实施。

在新版总规之后，核心区、副中心、中心城及各新城控规严格遵循总规的原则和导向进行编制，特别关注将疏解减量的空间和存量空间如何用于民生保障，如基础设施和公共服务设施的配置、公共空间环境品质的提升等。为了更好地了解基层政府和居民的需求，并充分纳入规划，这一轮的控规编制，在公众参与上又进了一步，改变原来以征询部门意见为主，转变为充分征求街道、社区、居民意见。其中核心区还集合了 21 家设计单位为 32 个街道编制了规划，以基层政府和居民的视角分析问题、畅想发展，作为核心区控规的工作基础。

### 3. 基层政府治理的需求

在规划编制方法转变的同时，如何促进规划有效实施则是一项艰巨的任务。我们总是听见群众在吐槽城市环境水平太差，如变电箱随意占道、马路总在拉拉链，其主要原因是市、区政府的各个专业部门与最直接面向群众的街道办事处之间，工作机制没有理顺。譬如电力、城管、旅游、园林等都按照自己的需求编制专项规划，每年按自己的计划往下落实，由于之前与街道沟通不足，即便是不切合实际或不合理，街道也只能被动接受、配合，而任务进度通常要求又很急迫，十几个部门都匆匆忙忙地在街道踩一脚，效果可想而知。

为了聚焦群众最关心的事情，更好地促进总体规划的实施，打通规划落实的"最后一公里"，2018 年北京市委市政府积极探索党建引领基层治理体制机制创新，建立"街乡吹哨、部门报到"机制，2019 年 2 月 23 日又发布了《关于加强新时代街道工作的意见》（京发【2019】4 号），就是为了理顺部门和街道的条块关系，赋予街道六项权力，包括公共服务设施规划编制、建设和验收参与权，重大

图1　北京市规划学会街区治理与责任规划师工作专委会成立大会

事项和重大决策的建议权等，同时也要求各专业委办局的工作要"一竿子插到底"，有些事情需由街道协调调度。譬如，电力部门要安变电箱，需先与街道协商，寻找适合的位置，而不是随意安放在人行道上。

4. 制度与实施办法跟进

除了给街道赋权，还要提供专业性的力量，才可有助街道行使好权力，规划部门责无旁贷，包括规划宣传、规划咨询、规划编制下沉等，同时听取居民意见做好反馈，这就需要规划师能够深入基层且长期陪伴。

其实，早在2017年，东城区基于规划师们在朝阳门、东四等街道的试点实践，已经意识到了一支专业力量对街道的作用，随以"百街千巷环境整治"为抓手，率先推出了责任规划师制度并出台了《东城区责任规划师制度实施办法》。2018年西城区政府要求每个街道开展"街区整理计划"，并为之配备了规划设计队伍，并出台了《西城区责任规划师制度实施办法》。同年，在总结东城、西城及海淀区的街道规划实施，以及各区美丽乡村规划实践的基础上，北京市规划和自然资源委员会先后出台了《关于推进北京市核心区责任规划师工作的指导意见（试行）》《关于推进北京市乡村责任规划师工作的指导意见（试行）》。

为此，2019 年 4 月 28 日起施行的《北京市城乡规划条例》明确提出本市要推行责任规划师制度，指导规划实施，推进公众参与。紧接着，市民政局又发布了《北京市街道办事处条例》，明确提出街道应当配合规划与自然资源部门实施街区更新方案和城市设计导则，组织责任规划师、社会公众参与街区更新。

当 2019 年 3 月《北京城乡规划条例》提出推行责任规划师制度后，规自委迅速成立了责任规划师工作专班，开始着手制定实施办法，于 5 月 10 日推出了《北京市责任规划师制度实施办法（试行）》（以下简称《实施办法》）。明确了制度建立的目的是为贯彻落实城市总体规划，进一步增强决策科学性，提升城市规划设计水平和精细化治理能力；责任规划师由区政府聘任，聘期 4~5 年，工作范围以街道、镇（乡）、片区或村庄为单元；工作任务是为责任范围内的规划、建设、管理提供专业指导和技术服务，主要包括宣传规划理念并解读规划，针对项目建设及环境提升等提供专业的技术咨询，进行街区评估、了解社情民意并进行反馈，推进公众参与规划的编制、实施和监督等。

## 二、责任规划师工作的全面推进

（一）各具特色的工作模式

在《实施办法》出台后，为了确保该项制度切实发挥好作用，各区由书记、区长或主管副区长挂帅成立了工作专班，制定了《XX 区责任规划师制度实施工作方案（试行）》，且结合自身的需求和资源，开展了各具特色的工作模式。譬如：

海淀区为全区各街镇选聘了街镇全职责任规划师，并结合本区高校资源丰富的特点，为每个街镇配备了一支高校合伙人团队，建立了 N 个可以提供项目服务的队伍，即所谓的"1+1+N"架构。

朝阳区则采取首席规划师带领团队形式，并依据本区涉外功能区多的特点，突出"国际化"，部分街道采取了国内、国际团队联合的形式；同时强调"大数据"，由责任规划师为责任街区提供"大数据体检化验 + 责任规划师开方 / 专家会诊 + 街乡去疾"的全过程、陪伴式服务。

丰台区建立了"1+24+N"责任规划师体系，即 1 名区级总责任规划师、24 名街镇单元责任规划师、N 个社区规划志愿者配合责任规划师共同开展工作，成为责任规划师与属地政府和居民的沟通纽带，三方共同搭建众智众创、群策群力、共建共享的城市治理结构。

石景山区确定了"1+N+X"团队服务模式，"1"为设计院或高校推荐的首席规划师，"N"为首席规划师团队内固定的社区规划师成员，"X"为各设计院或高校的多方力量，并建立了石景山区责任规划师人才库。

大兴区的责任规划师则分为两个类型：其一是临空经济区责任城市规划师和城市设计师，为临空经济区起步区的规划实施、重大项目建设等提供技术指导和建议；另一是结合美丽乡村规划编制任务，遴选出经验丰富的乡村责任规划师，从全域国土空间管理的角度对大兴区村庄进行规划编制、规划技术审查和规划实施管理等进行技术指导。

门头沟区则以市规自委建立的《规划师、建筑师、设计师下乡报名信息简表》为基础，以双向选择模式确定了 13 支责任规划师团队，67 名责任规划师，完成了 9 镇 4 街的责任规划师配备工作。

延庆区采用"两级体系、联盟共治"模式：其中第一级由区政府定向委托作为区级责任规划师团队，同时指定一名专家作为延庆区总责任规划师进行统筹；第二级则是全区各街镇（乡）的责任规划师团队。

怀柔区根据区情分为三类：第一类街道责任规划师以提高城市精细化治理水平、推动可持续的街区更新为主；第二类山区镇乡责任规划师以加强自然山水格局保护及乡村历史文化特色保护和传承为主；第三类平原镇责任规划师则针对位于平原地区或跨平原与山区的街区和村庄，注重城乡统筹，促进街区和村庄联动发展。

密云区则首推生态责任规划师制度，聚焦非建设地区，从推进城乡统筹、促进山水林田湖草全要素发展及生态空间品质提升角度，探索符合密云实际的规划实施新思路。

房山区、昌平、顺义、平谷、通州等区也纷纷开展了诸如出台《XX区责任规划师工作细则》、召开责任规划师启动工作部署会、建立责任规划师微信交流平台等工作。

（二）多方集合的
助推手段

虽然各区的态度很积极，但由于各区、各街乡的发展诉求不同，拥有的社会资源不同，基层干部的认识不同，规划师们的能力不同，如何因地制宜、有效开展工作还需时日摸索。为了尽快协助各方上路，市规划自然资源委的责任规划师专班设立了由勘察办公室牵头的工作协调组、跨领域专家构成的的专家组、规划院和高校联合的工作研究组，分工协作，以统筹推进工作。北京城市规划学会亦迅速成立了街区治理和责任规划师工作专委会，汇集了规划、建筑、景观、社会学、管理、法律等各领域的专家学者，以及一批扎根基层实践多年、具备丰富一线经验的规划设计师，以配合市规划自然资源委工作专班工作。

1. 加强统筹，完善制度设计

《实施办法》总体而言是框架性和原则性的，真正进行工作推进时必然会遇到众多实际问题需要化解，以及在实践中积累经验以逐步完善该项制度。因此在办法刚推出时，市规划自然资源委领导带领责任规划师专班成员，高频次地深入街道、分局开展调研，听取一线人员的意见建议，在全方位指导工作的同时，针对街道、责任规划师、规划分局的各种诉求随时、及时予以解决，大大提高了工作效率。同时，专班研究组以网络问卷与现场访谈的形式，深入了解工作开展过程中的难点与各方诉求，针对责任规划师的工作职责、工作机制、考核与激励制度等方面提出了初步建议，并通过专家会、研讨会、全国规划年会专题对话等方式，与各省市政策制定者、一线实践者深入探讨，针对责任规划师制度的深化设计形成了意见建议。

2. 加强培训，提高技能水平

为了让责任规划师能尽快进入工作状态，专班开设了线上和线下课堂，针对城市更新、城市治理等设计了较为完善的课程体系，包括从对上位规划、最新政策的解读，对街道、分局组织架构与职责的介绍，对社区工作方法和街区调研工具的教授，对历史名城保护体系、宜居城市标准、街道设计导则的宣讲，对城市更新和社区营造优秀案例的分享，在业内取得了良好反响。

3. 搭建平台，提供技术支持

为了提高工作效率，加强交流相互促进，专班建立了责任规划师工作信息平台，提供新闻信息发布、优秀项目展示、责任规划师信息公示等对外功能；以及专供责任规划师查询的地图数据、规划资料、调研工具、规划课堂等功能；还有供责任规划师上报信息的工作月报和问题反馈功能。全方位满足了责任规划师学习、交流、反馈等工作需求。

图2 北京市规划和自然资源委员会责任规划师工作专班组长陶志红副巡视员到朝阳区调研责任规划师工作

4. 广泛宣传，促进社会共识

为了让该项工作更广泛地被大众所知，市、区政府及市规划自然资源委的宣传部门针对规划师们在基层的工作开展了多种形式的报道，包括报纸、杂志以及公众号、微博等及时、不定期的专篇介绍，以及如北京电视台《我是规划师》这样大型的、分主题的系列节目。既做了规划知识的科普，也展现了规划师们的风采，起到了非常好的宣传和鼓励效果。

## 三、几个问题与几点思考

2019年底，市规划自然资源委工作专班研究组完成了年度总结报告，通过广泛的调研，我们发现了一些问题，也有了初步的认识。

（一）角色定位要清晰，工作回报要合理

调研期间，发现各级政府、各部门以及规划师们对责任规划师在基层的角色定位上各有认知与期望，有些希望其成为自上而下的规划实施情况监督员，有些则认为应该是街道社区利益的代言人，不同的认知使得该项工作在推进过程中遇到一些困难。同时，因为工作细则尚未出台，责任规划师的职责与回报尚有些不清晰，也带来困扰。

《实施办法》中要求责任规划师进行规划宣传、技术咨询、规划评估、意见反馈，同时还提出责任规划师"不得承担责任范围内的规划、设计和建设项目的设计任务"。但责任规划师们反映，如果不充分介入街乡的规划工作或实际项目，就无法很好地了解实际情况，为基层提供好的服务，街乡也认为如果责任规划师只是做宣传和技术咨询，没太多实质性的帮助，且对其作为意见收集者和监督员而心存防范。

观察众多成功的试点案例，均是规划师们依据基层政府和居民的需求，亲自上手或利用自己的资源，组织专业机构与居民共同完成，获得街乡与居民的赞许和信任，就此打开工作局面。因此，经过多方研讨，现在各方也基本达成共识，即责任规划师应该可以承接一些街乡委托的基础性研究工作和一些小型的公益类项目，协助街乡解决实际问题，通过长期陪伴了解街乡真实需求，做基层和群众利益的代言人，这样才能在工作过程中潜移默化发挥普及规划知识、凝聚共识的作用。

另外，在调研中还发现，有些街乡看到试点案例中，规划师的工作范围极广，既能做各种设计，又能组织活动，由此认为规划师是万能的，进而给本区责任规划师指派了很多超出其能力和职责范围的工作，如要求编制规划、完成公共空间等工程项目设计以及牌匾标识设计，或者替代专业机构开展公众参与组织等，让责任规划师与其所在单位不堪重负。

要认识到，在试点阶段，先期深入基层开展工作的都是具有创新精神的探索者，希望找到符合新时代特征的工作模式，因此是以志愿者的身份，按公益活动开展的，不单不计报酬，还会集合有共识的个人和团体，积极探索多种模式，既包括规划师本职的规划设计，也包括协助街乡开展治理工作。而一旦全面推行，责任规划师工作就成为一项有制度保障的规范性的工作，这其中，合理的回报是重要的一环。如果都以指派的方式要求责任规划师无偿完成或支付象征性的费用，规划师或其单位均无法承受相应的人力、财力成本，导致该项制度无法有效持续。

（二）避免运动式工作模式和新形式主义

调研中发现，有些街道对责任规划师工作寄予厚望，工作刚开始就希望能够马上出亮点。原因有二，其一是多年形成的工作模式与政绩观使然，其二依然是成功案例的宣传所致。

我们的城市建设一直在高速前进，政府总是以最终的、看得见的成效来考核政绩，因此推进工作讲求短平快，自上而下的、运动式的工作方式成为常态。尽管进入到新的时代，需要通过刹车减速转向平稳前进，以协商共建的方法开展工作，但巨大的惯性让我们的思维与工作方法有了定式，依然是重结果轻过程。目前见诸各大媒体的案例，大多是具有长期工作积累且街道主管领导支持力度较大的项目。可以说，在这些案例中，除了具备探索精神的规划师们，那些能接纳他们的街道社区干部更是一批敢于打破常规、接纳新生事物的人。双方在理念上有共识，能够相互激励，即便观点有冲突时，也会积极沟通，并经过时间磨合而建立良好的合作关系，形成丰厚成果。而一旦成为制度自上而下推广，在初始阶段很多街道与责任规划师都没有心理准备和相关的经验。前者对该项制度的意义和责任规划师的职责与作用都不甚清楚，不知该如何利用；后者从面对甲方转向面对居民，从描画蓝图转向促进实施，不知工作从何下手。因此双方都需要调整工作思路，认真交流沟通，建立互信、达成共识，进而设立目标并探索工作模式，而这些都需要时间，绝不是一蹴而就的。

另外，尽管我们已经有了很多试点探索，积累了经验，但各区、各街乡千差万别，有历史街区、老旧小区、工矿厂区，以及山村乡镇，试点只能总结提供一些共性经验，无法针对个性。因此，无论是市区政府还是街乡政府，以及规划设计师们，都需塌下心来认真分析新形势下的要求和各自辖区的需求，以确定最适宜的方法路径，方可成功。如果还是沿袭以往的运动式思维，盲目地快速推进，并要求快出成绩，很可能会出现另一种形式主义。

（三）转变理念强化能力以适应时代需求

城市更新时代，工作重心下移，规划设计师们面对的是基层极为复杂的局面，如空间改善、文化提升、助残养老等等，这对规划设计师的知识结构提出了新要求。同时面对复杂事务，规划师要意识到自己并不能包打天下，搭建平台汇聚各方力量是非常重要的工作，譬如联合社会工作者、志愿者，以及文化机构、养老机构等。另外，为了与民协商共建，组织开展公众参与也是责任规划师的重要任务，这就意味着要从坐而论道转向走街串巷，与居民聊天儿。以上工作都要求责任规划师们具备较强的统筹能力、沟通能力和意愿。因此，规划设计主管部门、规划设计单位以及学会、协会，应注重加强这方面的教育培训，使规划师们尽早尽快地意识到时代转型的到来和新的需求，及时调整工作思路与方式，提升相应的工作能力，为日后的工作开展打下基础。

同时，相关高校也应及时调整完善教学内容，不能再将规划、设计完全作为工科看待，应纳入更多的社会学科内容，并应积极与街道社区对接，设立教学实践基地，培养出一批具有综合素质的毕业生。

同样，针对街乡基层干部，民政部门、社工部门亦应开展相应的培训，在这一点上成都经验值得学习借鉴。

## 四、结语

总之，城市更新时代的工作特征已经与之前粗放发展时期有了巨大的不同，责任规划师制度可谓应运而生，但运行之初需要我们各方都做好充分的心理准备和知识与经验储备，且多一分耐心和恒心，使之能逐渐完善，为城市健康、可持续发展作出相应的贡献。

## 专家点评

邱跃
北京城市规划学会理事长

您可否就责任规
划师制度建立的
意义谈几点看
法?

从 2004 年左右,我们就在北京开始探讨责任规划师制度的建
立和责任规划师工作的开展。从老城的改造以及规划进社区发展到
现在,我们第一次以法定的形式,在《北京市城乡规划条例》中正
式提出:本市推行责任规划师制度,指导规划实施,推进公众参与。
同时,在责任规划师制度推进中做到"有法有规",北京市在全国是
走在前列的,建立了一整个配套的体系来推进这个工作——人大立
法,政府定规;部门有专班,学会有专委,并且各个区政府根据本区
的情况分别制定了具体实施措施。

回顾我们这十多年的工作,责任规划师制度的建立是基于对我
们城市发展阶段的认真探索得出的,是想使我们的规划和规划实施
的工作方式得到调整,能够更广泛地深入到基层,听取群众意见。
这是我们规划制度、城市治理制度体系的一个重大的变革。党的
十九届四中全会提出推进国家治理体系和治理能力的现代化,这符
合了党和政府提出的大方向。

为确保该项工作
可持续发展,您
有什么建议?如
从机制上还应该
完善哪些方面?

责任规划师制度刚刚开始实施,尚处于一个尝试阶段,虽然我
们已经有十多年的发展历史,但是前些年一直规模较小,没有形成
全市的气候,所以现在责任规划师制度探索的过程也还是一个不断
积累经验的过程。刚开始的时候,我自己的认识也是比较简单,认
为责任规划师的最大作用是能够帮助我们监督违法建设和纠正规划

实施中的偏差。在多次探讨与工作推进过程中，才发现并不完全是我想象的那样，责任规划师的工作不单单是促进规划落实和反映民情，更重要的是应该致力于面向基层，替他们解决综合性的、复杂的问题。

我认为责任规划师制度实施的重点是要发挥中国特色社会主义的优势，即集中力量办大事。也要发挥北京的特色，就是我们拥有众多规划设计团队、大专院校、科研院所等等，人才智库非常的丰富。在模式方面，目前可以说是是百花齐放的阶段，大家从不同的角度针对自己的实际情况采取不同的措施，不是一个固定的或者完善的模式，而且今后一两年内可能都会是这样，我们还需要不断地探讨。

作为老一辈规划师，您对年轻的规划师有什么期望。该如何武装自己应对新的时代？

责任规划师制度刚开始推行时，就有人给我们提出，责任规划师涉及的工作不纯粹是规划问题，还有很多其他问题，有法律方面的，有社会的，有经济方面的，还有建筑方面的，所以"责任规划师"这个名字是不是有些狭窄。其实这不是名字狭窄，而是规划这个学科的范围扩大了。我觉得城乡规划不应该是一个纯粹的工科专业，它实际上有很多文科的内容，是在用工科的语言和表现形式来叙述和解决社会发展的事情。城市不是一个纯粹的工程建设问题，这是我自己作为一个规划师在这个领域里工作了 40 年逐步体会出来的。一开始我也是想用工程来解决社会问题，后来才越来越发现，这种想法是狭隘的，做不好规划工作。我觉得通过责任规划师的这项工作，大大地扩展了我们城乡规划或者叫做国土空间规划的工作范围以及我们对工作的理解。

年轻的责任规划师们应该及早地吸取这些教训，认识到这问题，摆正自己的位置。责任规划师工作中最需要注意的，就是融入基层中去，融入街道乡镇中去。有的年轻同志不会进、进不去，游离于外，或者在任务比较复杂的时候有畏难情绪。街道乡镇是难以多得的让规划师能够深入接触社会的场所，这和关着门做方案、画图不一样，和一般的根据任务书进行规划、研究也不一样，这里需要规划师独立地跟社会去接触，对年轻的规划师来说是一个挑战。每个街道，每个乡镇，它们的区位不一样、特点不一样、需求不一样、发展的水平也不一样，规划不能千篇一律地做。到了街道乡镇上，我们一是要听当地的居民说，二是要自己观察，然后用我们在学校和单位学到的知识与才能很快地发现问题和解决问题。这是我们亟待提高的能力和要锻炼的本事。

在参加实际工作的过程中，会增加规划师接地气的能力和才干，对本人的业务积累、能力提高以及个人成长和前途发展等都是非常有利的。尤其是年轻的规划师能够知道规划落地中的一些问题，更加深入地了解城乡规划以及国土空间规划。所以特别希望有志于这方面的年轻同志们能够多参与到我们责任规划师的工作中来。

**关于这项工作，您再给提提希望吧！**

参与我们责任规划师制度建立的同志，虽然来自不同的专业方向，但希望大家能够同心合力，依据《北京市城乡规划条例》和《北京市城市总体规划》的精神，继续推行这项工作，推进这个制度。

我们北京城市规划学会作为一个地方的规划方面的学术组织，也会积极配合政府的工作。我们是政府的助手，是事业的推手，也是我们会员单位这些规划设计师的帮手。责任规划师不同于成建制的设计单位，也不同于独立的设计师，它是一个新型的专业和行业，我们有义务、也非常愿意协助政府推进这项工作。

也希望各行各业的同志们理解我们、支持我们，提出你们的要求、需求，对我们的工作提出你们的意见和建议，即使是尖锐一些也没关系。这样我们才能更好地完善，更好地推进，更进一步地提高工作水平。

陈大鹏
原朝阳门街道党工委书记，现东城区城管委主任

您在街道工作多年，积极创新，引入了责任规划师制度，对责任规划师工作给予了很大的支持。请问您对责任规划师与街道协同工作的模式有什么感受？您现在到了区里负责城管工作，在这个新的平台上您对责任规划师工作有什么期望？

责任规划师的工作，既体现专业性，又体现群众性。责任规划师在街道工作时，能够体现纽带作用，结合地区特色，把专家学者的意见、基层政府的意见、居民群众的意见融合在一起。这样形成的意见更加具有针对性，更加符合各方利益，更容易得到落实，使我们能够更好地处理一个地区的更新和发展。

与街道的协同是责任规划师工作的前提。我们责任规划师是专家，对城市规划很了解。但是责任规划师如果只从专业角度和街道谈，很难取得街道的完全认可，因为街道面临很多具体问题。所以责任规划师也一定要以具体问题为导向，不能空谈，要拿出实际的解决方案。

责任规划师应牢固树立治理思维。治理不是管理，责任规划师必须要深入群众，仅仅和街道协同是不够的。责任规划师不只是一个职位，而是一种工作模式。责任规划师要能够多聊多听，了解当地的历史文化，与群众深入地沟通交流，引导群众观察自己身边的问题。所以责任规划师其实也是社会工作者。

责任规划师的工作是有一定困难的，我们不可能一蹴而就，但有困难才有意义。对责任规划师来说，经验的积累、对社会的感知等能力都很重要。另外，政府领导也需要尊重、关心和支持责任规划师，特别是给责任规划师一定的空间，不要规定太多的条条框框，这样才有利于责任规划师工作的开展。

# 致　　　谢

本书的编写和书中实践得到了很多机构和个人的帮助，在此我们对大家表示衷心感谢，没有你们多年如一日的鼎力支持与协同共创，就没有东四南街区今天的丰硕成果。

（以下排名不分先后）

感谢朝阳门街道工委及办事处在陈志坚书记、董凌霄主任及历届领导班子的带领下，始终以积极进取、开放包容的态度和前瞻的视野，为创新实践创造了肥沃土壤。感谢李焱、李哲、宗靖副主任日常对团队的大力支持和耐心指导。

感谢史家社区、内务社区、演乐社区、礼士社区、朝西社区等社区的领导、工作人员及街区居民对团队的接纳和支持。

感谢北京市规划和自然资源委员会东城分局在邵培局长及历届领导班子带领下，率先探索规划公众参与和责任规划师制度，为全市推广责任规划师制度提供了宝贵经验。

感谢北京市城市规划设计研究院、北京工业大学建筑与城市规划学院、中社社会工作发展基金会、北京市规划和自然资源委员会责任规划师工作专班、北京城市规划学会街区治理与责任规划师工作专委会等单位长期以来对书中所述工作的支持与指导。

感谢史家胡同风貌保护协会、朝阳门社区文化生活馆（27 院儿）、史家胡同文创社、朝西工坊、中央美术学院建筑学院十七工作室、熊猫慢递、北京市首都规划设计工程咨询开发有限公司、北京市弘都城市规划建筑设计院、北京市城规技术服务中心、北京城垣数字科技有限责任公司、城市象限等机构长期以来的协作共创。

感谢北京市规划和自然资源委员会宣教中心、北京市城市规划设计研究院团委、北京市规划展览馆、东城区历史文化名城保护委员会办公室、北京市委党校社会学部、北京林业大学郭巍团队、北京林业大学乡愁实践团、北京建筑大学建筑与城市规划学院学生会、北京交通大学路上观察团、清华美院协同创新生态设计中心、中华女子学院、史家小学二年级部、OSO 建筑师事务所、B-platform 工作室、Crossboudaries、英国王储慈善基金会（中国）、四合书院、北京文化遗产保护中心、北京博物馆学会、京西五里坨民俗陈列馆、北京鑫京热电器有限公司、北京首华物业管理有限公司、北京航腾物业管理有限公司、清华大学建筑设计研究院文化遗产保护中心、旧物仓、天坛艺术馆、山原猫探索、下厨房、不是美术馆、帝都绘、一览众山小、云七书坊、荔枝 App、北京印迹、演乐柒杯茶茶社、人民文学出版社、蒲蒲兰绘本馆、北京史地民俗学会、遗介、壹贰设计、自然之友、Someet、北京大学源流运动、CCTV4、人民日报海外版、中国社区报、中国文化报、中国青年报、瞭望周刊、新华网、人民网、首都之窗、北京电视台、北京日报、北京晚报、北京青年报、新京报、新东城报、建筑学报、domus 国际中文版、南方周末、灵犀杂志、腾讯 @ 所有人、澎湃新闻、秦思源、任珏、吴宇、宋煜、吴楠、王兰顺、齐晓瑾、王迪、何力、陈向阳、孙天培、扎西措毛、刘平太、王学君、年爽、李蕴洁、彭登峰、汪程、赖敬予、张屹然、毛磊秋、薛梅、纳墨、伦天洪、梁轩、姚雨萌、黄显涵、乔钰、邵鹿洲、庞雪妃、梁欣、聂蕾、刘晋沂、李静思、王皓羽、金桐妃、李沁宇等机构和个人在项目实践中的鼎力支持。

感谢施卫良先生、董凌霄先生、王军先生为本书作序，感谢所有在书中接受采访并对我们工作做出细致点评的专家领导、合作伙伴、居民朋友们（已在书中具名，不再在此处一一列出），感谢所有参与撰写本书的作者和提供图片的朋友，以及其他所有曾参与东四南街区工作的伙伴们，感谢你们为本书作出的贡献！